U0858585

谨献给市政基础设施和公路设施建设者

TIANJIN MUNICIPAL MEMORY

天津市政记忆（二）

1949—1977年天津市政公路建设

《天津市政记忆》编辑委员会 编著

人民交通出版社股份有限公司
China Communications Press Co.,Ltd.

图书在版编目（CIP）数据

天津市政记忆．二，1949–1977 年天津市政公路建设 /《天津市政记忆》编辑委员会编著．-- 北京：人民交通出版社股份有限公司，2016.10
ISBN 978-7-114-13421-0

Ⅰ．①天… Ⅱ．①天… Ⅲ．①市政工程－道路建设－成就－天津－1978–2014 Ⅳ．①TU99

中国版本图书馆 CIP 数据核字 (2016) 第 259691 号

天津市政记忆 二
1949—1977 年天津市政公路建设

著 作 者：《天津市政记忆》编辑委员会
责任编辑：孙 玺 王 丹 卢俊丽
排　　版：北京楚泰文化传播有限公司
出版发行：人民交通出版社股份有限公司
地　　址：北京市朝阳区安定门外外馆斜街3号（100011）
网　　址：http：//www.ccpress.com.cn
销售电话：（010）59757973
总 经 销：人民交通出版社股份有限公司发行部
经　　销：各地新华书店
印　　刷：北京盛通印刷股份有限公司

字　　数：151千　开　本：880×1230　1/16　印　张：10　插　页：2
版　　次：2016年 10 月　第 1 版
印　　次：2016年 10 月　第 1 次印刷
书　　号：ISBN 978-7-114-13421-0
定　　价：160.00元

《天津市政记忆》顾问委员会

《天津市政记忆》编委会

序

INTRODUCTORY

天津地处九河下梢，依海河流转接八方来风，靠陆路交通辐射内地诸省，津浦、京山铁路在此交汇，是我国北方重要的交通枢纽。

天津，从明永乐二年（1404年）筑城设卫至今，已有610多年的历史。1840年的鸦片战争，揭开了中国近代史的序幕。1860年，第二次鸦片战争后，签订了中英、中法《北京条约》，帝国主义列强先后在天津划定租界，天津被迫开埠，从一个封建都会逐步演变为半殖民地半封建的城市，这是天津城市发展的一个转折点。

天津的道路、桥梁、排水、园林等市政基础设施和公路交通设施，随着老城的聚落而诞生，伴着都市的扩张而发展。天津被迫开为商埠后，清政府成立了国内第一个官办市政工程机构——天津工程局，修建了第一条砖石路面的“官道”——沿河马路，修建了第一座钢桥——大红桥和第一座开启桥——金华桥，建起了第一个官办公园——中山公园；民国政府按西方技术标准修建了第一条近代公路——京津大道；各租界当局也在租界内陆续铺筑道路，修建钢桥、钢筋混凝土桥，天津成为当时国内开启桥最多的城市。这些市政基础设施使得天津开埠后得领时代风气之先，在国内较早地步入城市近代化的行列。

但是，在半殖民地半封建的旧中国，由于军阀混战，八国租界各自为政，市政建设没有统一规划，给市政设施的发展造成许多障碍和后患，城市道路断头、卡口甚多；海河纵贯市区，仅有桥梁 4 座；京山、津浦铁路穿越市区百里，仅有狭窄地道 9 座；东西不通，南北不畅，全市道路交通网络根本没有形成；租界内外都把污水排入附近河道，加之排水设施各成系统，多次造成水淹市区的惨剧。

1949 年 1 月 15 日天津解放，市人民政府接管旧工务局，沿袭原有建制成立市人民政府工务局，主管天津市区道路、桥梁、排水、园林、防洪等市政基础设施建设和养护管理工作，1955 年又从河北省接管了全市干线公路管理职能。六十多年来，随着政府行政机构的不断改革调整，市工务局曾先后更名为建设局、市政工程局、市政公路管理局，名称虽多次变化，工作目标、任务和管理范围也在更新拓展，但始终承担着市政公路设施的规划、设计、建设和养护管理等职能。

天津解放后至改革开放前的近 30 年间，市政基础设施建设总体上实现了稳步发展。在城市道桥建设方面，打通道路瓶颈、卡口，拓宽主要干道，为工人新村和工业区修建配套道路，建成中心广场，不断完善市区路网，采用新技术、新工艺建造新型桥梁地道，逐步解决过河难、过铁路难的历史痼疾。在公路建设方面，新建改造国省干线，提高公路等级，修建大型桥梁。在排水建设方面，消灭臭河臭坑“四大害”，改善城市环境卫生；实施海河改造，建成防潮闸，实现“咸淡分家、清浊分流”，完善排水管网；建成水上公园等多处园林设施，完善了道路绿化；开工修建了国内第二条地铁。

改革开放以来，天津市委、市政

府十分重视市政公路建设，持续不断地加大资金投入，基础设施日臻完善，载体功能不断提高，城市面貌和市容环境发生了巨大变化。

在城市道桥设施建设方面，市区“三环十四射”干道系统基本形成，打破了百年来市区南北不畅、东西不通的旧道路网络格局。十一经路立交桥建成，结束了百年来市区道路被京山铁路阻隔的历史；大光明桥建成，使海河百年摆渡成为历史；中环线建成，成为市区第一条快速交通干道；快速路系统基本建成，完善了中心城区快速路网骨架；结合主干路网建设，数十座大型立交桥拔地而起；以海河综合开发改造为契机，新建改造了一批跨海河桥梁，既满足了交通功能，又打造了城市景观，成为天津城市的鲜明特色和亮点。

在公路设施建设方面，第一条环城公路外环线建成，将市区放射形干道同郊县公路网连成整体；以国内第一条具有国际标准的跨省市高速公路京津塘高速公路的建成通车为标志，展开了高速公路建设的历史新画卷，十多条高速公路现已编织成网；普通国省干线公路提级改造，全部实现了一级化；乡村公路加快发展，以宁河北岳庄桥竣工通车为标志，实现了全市村村通公路，以蓟县北部山区将路修到村民家门口为标志，天津市在全国率先实现了自然村村村通公路。

在排水设施建设方面，建成当时全国最大、具有国际先进水平的纪庄子、东郊等多座污水处理厂及再生水厂，百年城市“污龙”得到明显治理，城市有了第二水资源；市区二级河道全部得到改造，成为一条条亮丽的城市风景线；排水管网日趋完善，防汛排涝能力大大增强。

在轨道交通建设方面，在20世纪80年代实现地铁1号线7.4公里正式运营的基础上进行改扩建和新建，2006年实现通车运营，随之3号线、2号线、津滨轻轨及9号线也相继通车运营，其他线路按照规划正在实施建设过程中。

天津市政公路事业走上发展较快、变化较大、综合效益较好的良性发展轨道，其基本经验正如1986年夏，邓小平同志视察中环线道路工程时所言："改革，现代化科学技术，加上我们讲政治，威力就大多了。"

《天津市政记忆》这套书，图文并茂地展示了天津市政一甲子的发展历程，重点反映了改革开放以来市政公路建设取得的辉煌成就。追忆跨过的历史脚步，目的是激励来者。让我们踏着前驱的脚印，继续前行，为进一步完善城市功能、增进民生福祉做出新的更大贡献！

胡晓梳

二〇一六年六月

CONTENTS

第一章　1949—1977 年市政工程建设发展历程　/　001

第二章　市政公路主管部门沿革　/　005

第三章　城市道路规划　/　013

第四章　城市道路建设　/　019

一、1949—1957 年　/　021

二、1958—1965 年　/　034

三、1966—1977 年　/　043

四、工业区和新居住区的道路配套补缺工程　/　047

第五章　城市桥梁建设　/　049

一、1949—1957 年　/　051

二、1958—1965 年　/　056

三、1966—1977 年　/　060

第六章　公路交通设施建设　/　067

一、1949—1957 年　/　069

二、1958—1965 年 / 072
三、1966—1977 年 / 079

第七章 城市排水设施建设及防洪 / 093
一、1949—1957 年 / 095
二、1958—1965 年 / 109
三、1966—1977 年 / 121

第八章 园林绿化建设 / 125
一、1949—1957 年 / 127
二、1958—1965 年 / 132
三、1966—1977 年 / 135

第九章 修建天津市第一条地铁 / 137

跋 / 147

附图
1. 1949 年天津市区现状图
2. 20 世纪 50 年代天津市区现状图

THE
FIRST
CHAPTER

第一章

1949—1977 年市政工程建设发展历程

TIANJIN MUNICIPAL

MEMORY

天 津 市 政 记 忆

天津解放后，市委、市政府高度重视市政设施建设，把市政建设资金纳入财政预算，作为经济建设的组成部分，不断加快市政工程建设，完善城市基础设施。

1949—1957 年，即国民经济恢复和“一五”计划时期，市政建设百废待兴。市人民政府明确提出，道路建设重点首先应该放在城乡交通要道和市内繁华地区，其次是市区迫切需要解决的道路。市政府先后拨款 579.6 万元和 1714.75 万元，改建、拓宽、打通和新建了 120 多条道路，重点解决了部分主干道上较为严重的窄、卡、弯、堵、低的问题，配合 7 个新居住区建设，修建了配套道路。同时加强设施养护维修，恢复提高原有道路功能。排水工程建设治理了臭河臭坑“四大害”，改善了城市环境卫生。有步骤地改建或新建了一些公路及桥梁，铺筑了新的路面。这一时期市政建设同国民经济各部门协调发展，投资比例恰当，各项市政设施发展很快，初步改变了旧中国天津市政设施分布不均衡的状况。

1958—1965 年，即“大跃进”和国民经济调整时期。这一时期最大的工程是海河改造工程，使海河“咸淡分家、清浊分流”，建立了市区六大排水系统。但包括道路、桥梁、排水在内的其他市政建设，投资比例失调，建设速度大大落后于工业建设和城市发展。八年内市政建设投资占城市基建总投资的比例，由“一五”的 6.51% 下降到 3.17%，在供需不平衡的形势下，只能有重点地修建一些市政工程，新区道路出现大量缺口，旧区道路车辆拥堵渐趋严重。

1966—1977 年，市政工程基建投资仅占城市基建投资的 2.09%，年均 470 万元，每年市政工程建设只能局部改善旧区设施，重点填补新区缺口，“头痛治头，脚痛医脚”，道路面积平均增长率由“一五”期间的 19 万平方米，降到 9 万多平方米。排水设施建设实施了雨后严重积水地区的雨污水补缺工程，开挖了排水河道，结合建地铁实施了墙子河排水改造工程。公路建设继续修建和改建干线公路，普及沥青路面，大规模修建永久性桥梁，得到了一定发展。

纵观天津解放至改革开放前这段时期的市政工程建设，一直采取的是全面规划、远近结合、分期修建和充分利用旧有设施的方针，收到事半功倍之效。城市道路建设集中力量首先解决最迫切的问题，坚持“管、养、修”并重，不断加强旧有设施的养护维修和管理，延长其使用年限，市区几座旧钢桥、旧区许多道路都是通过加强养护管理而保持正常使用，同时完善新区道路、排水设施配套。排水工程，总的思路是将城市污水引出市区，分片处理，通过几项大的排水工程，为形成市区六大排水系统创造了条件。

THE
SECOND
CHAPTER

第二章
市政公路主管部门沿革

TIANJIN MUNICIPAL

MEMORY

天 津 市 政 记 忆

1949年1月15日，天津解放，市人民政府接管旧工务局，沿袭原有建制成立天津市人民政府工务局，主管市区道路、桥梁、排水、园林、防洪等市政设施建设和养护管理工作。

1950年3月，天津市工务局撤销，分别成立天津市建设局、天津市卫生工程局、天津市园林广场处和天津市水利处。

1952年下半年，天津市建设局、天津市卫生工程局、天津市园林广场处和天津市水利处合并成立天津市市政工程局。

1955年1月，河北省和天津专署将天津市郊区干线公路移交给天津市市政工程局。

1955年2月，天津市建委撤销，天津市市政工程局接管其全市规划和规划管理业务，更名为天津市建设局。

1957年7月，成立天津市建委，天津市建设局城市规划和规划管理业务划归天津市建委。

1970年10月，天津市建设局、天津市建筑工程局、天津市建筑材料工业局合并，组建天津市建设局革命委员会。

1972年12月，天津市建设局革命委员会又一分为三，分别组建天津市市政工程局、天津市建筑工程局、天津市建筑材料工业局。

1973年1月，负责地铁建设的天津市7047工程指挥部并入天津市市政工程局。

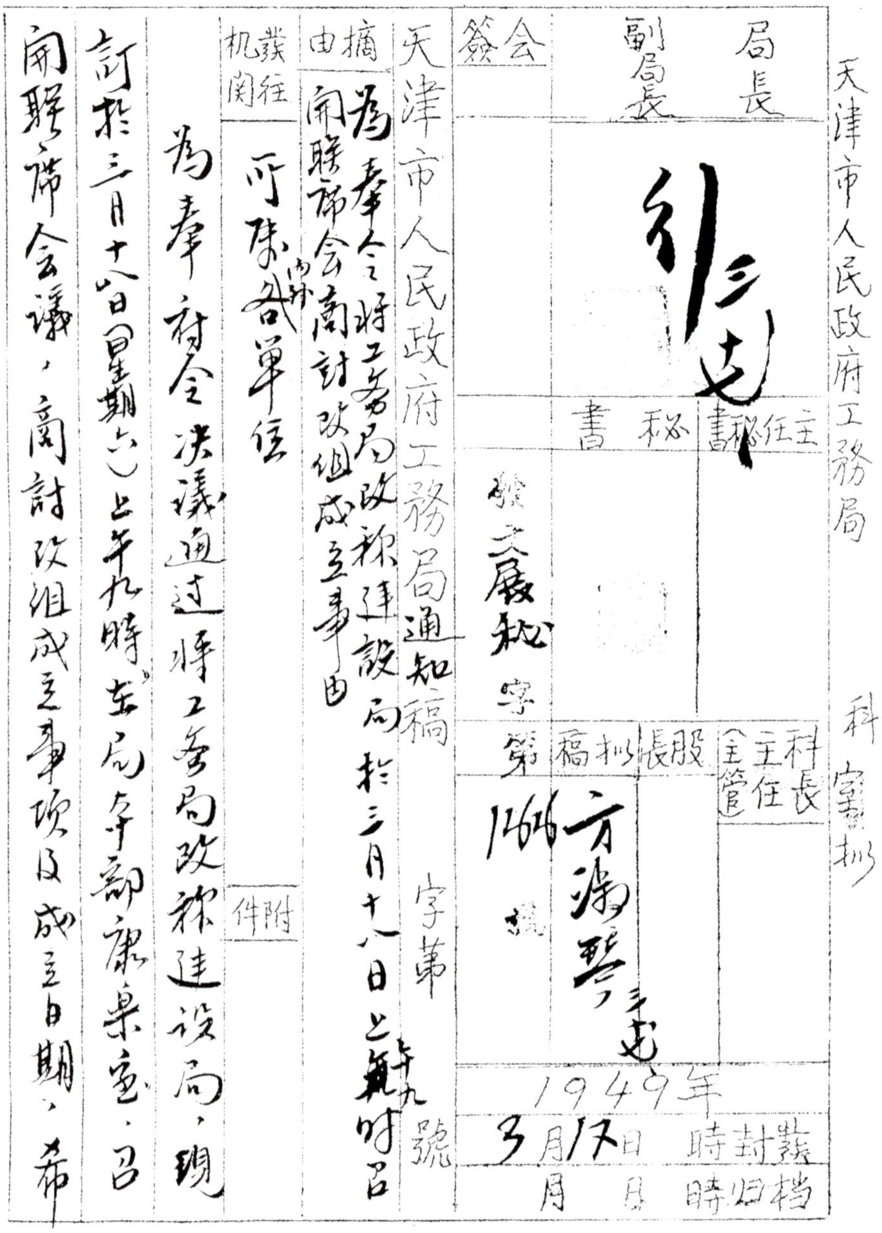

天津市人民政府工务局

天津市人民政府工务局通知稿 字第 號

摘由：为奉令将工务局改称建设局，于三月十八日上午九时召开联席会议商讨改组成立事由

为奉市令决议通过将工务局改称建设局，现订于三月十八日（星期六）上午九时在局本部康乐室召开联席会议，商讨改组成立事项及成立日期，希

▲ 1949年天津市工务局改为天津市建设局的文件

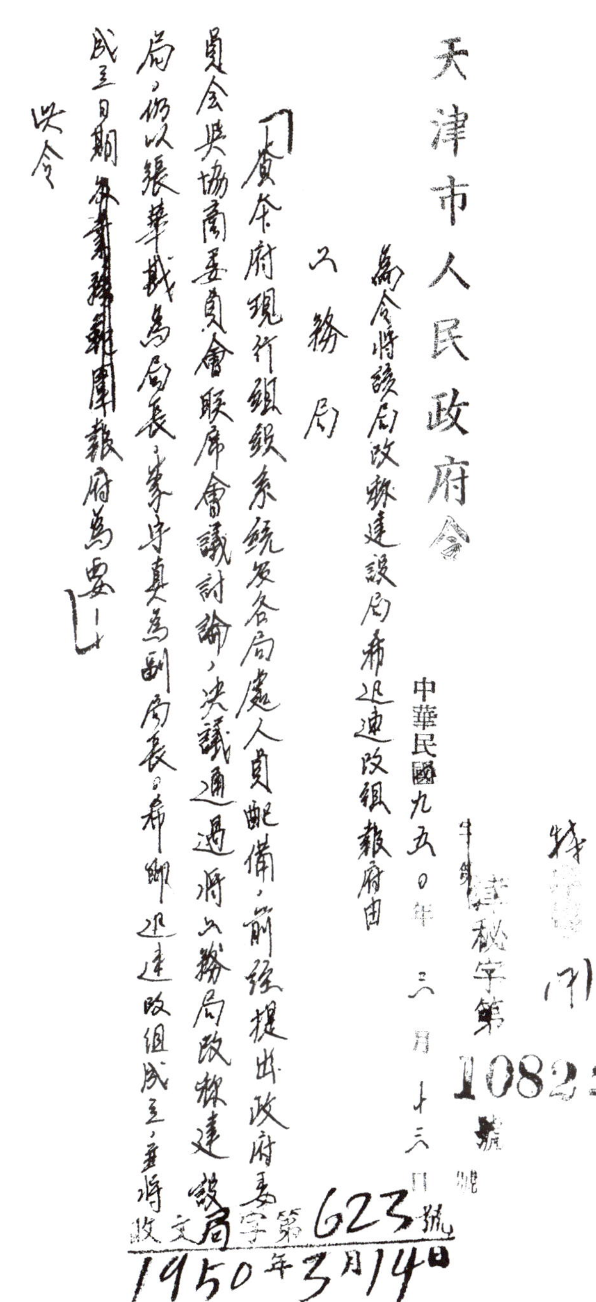

天津市人民政府令

為令將該局改稱建設局希迅速改組報府由

工務局

查本府現行組織系統及各局處人員配備，前經提出政府委員會與協商委員會聯席會議討論，決議通過將工務局改稱建設局，仍以張華甫為局長，王守真為副局長，希即迅速改組成立，並將成立日期報府為要！

此令

市長

副市長

中華民國一九五〇年三月十三日

府秘字第1082號

工務局收文府字第623號

1950年3月14日

▲ 1950 年 3 月天津市政府批文将天津市工务局改为天津市建设局

天 津 市 建 設 局 革 命 委 员 会

最 高 指 示
国家机关的改革，最根本的一条，就是联系群众。

关于启用天津市建設局

革命委员会及其办事机构印章的通知

(70)建革办字第 1 8 4 号

[illegible]各公司、处、院、所及厂、队、站革命委员会：

遵照伟大领袖毛主席“精兵简政”的教导，根据市革命委员会的指示由原市革命委员会城市建設规划组、市建設局、市建筑工程局、市建筑材料工业局合併，成立“天津市建設局革命委员会”。新机构已开始办公，定于一九七〇年十二月七日启用“天津市建設局革命委员会”及其办事机构新印章。

特此通知。

附：新印模。

天津市建設局革命委员会

一九七〇年十二月三日

抄送：各区、局革命委员会。

▲ 1970年12月天津市建设局关于成立天津市建设局革命委员会的通知

▲ 江苏路 3 号（1949—1952 年天津市工务局、天津市建设局办公地点）

▲ 承德道 2 号（1952—1954 年天津市市政工程局办公地点）

▲ 营口道 10~12 号（1955—1972 年天津市建设局办公地点）

◀ 重庆道 118 号（1973—1995 年天津市市政工程局办公地点）

◀ 重庆道 118 号［天津市市政工程局（1996—2006 年）、天津市市政公路管理局（2007—2014 年）办公楼］

▲ 成都道 133 号（天津市市政工程局、天津市市政公路管理局办公楼副楼）

THE

THIRD

CHAPTER

第三章

城市道路规划

TIANJIN MUNICIPAL

MEMORY

天 津 市 政 记 忆

1951—1952 年天津市政建设委员会提出《天津市道路系统计划大纲》，并绘制了《天津市道路系统规划图》，为规划管理工作提供了初步依据。

1952 年道路系统计划提出：

南北方向规划干道 4 条：一是南北干线，自津霸公路过新大红桥、河北大街，穿鼓楼、南门外大街，接卫津路至八里台；二是自西站经大丰路、西马路、南开五马路至墙子河（今长江道）；三是自京津公路经小王庄大街、黄纬路，过金钟河，辟新路接河东八纬路，达郑庄子；四是自北洋桥附近东行，穿铁道过新开河，接律纬路、昆纬路、新开路至津塘公路。

东西方向规划干道 5 条：一是自西站，经北营门西大街，过河连接新开河南岸八马路（与今北横快速路线位接近）；二是自津保公路，经芥园，接北马路，过海河接狮子林大街、金钟河大街，至王串场，连津东大道（今金钟公路）；三是东西干线，自津石公路经西营门，穿鼓楼、水阁大街，过海河，经兴隆街，辟新路至东站；四是墙子河两岸沿河马路（今南京路）；五是自王顶堤过八里台吴家窑大街，连佟楼、南楼，接津沽公路（今中环线复康路、围堤道）。

规划 5 条环形路及折线路：一是环形路，自北站经中山路，过金钢桥、大胡同、东马路、和平路、建设路，过墙子河，转南昌路，穿人民公园到南楼，往南与津沽公路（今大沽南路）平行（半环）；又自中山路东行沿宁园及体育场东行过金钟河，南行至唐口，穿铁道，西南行过海河，接泰安道及成都道，过

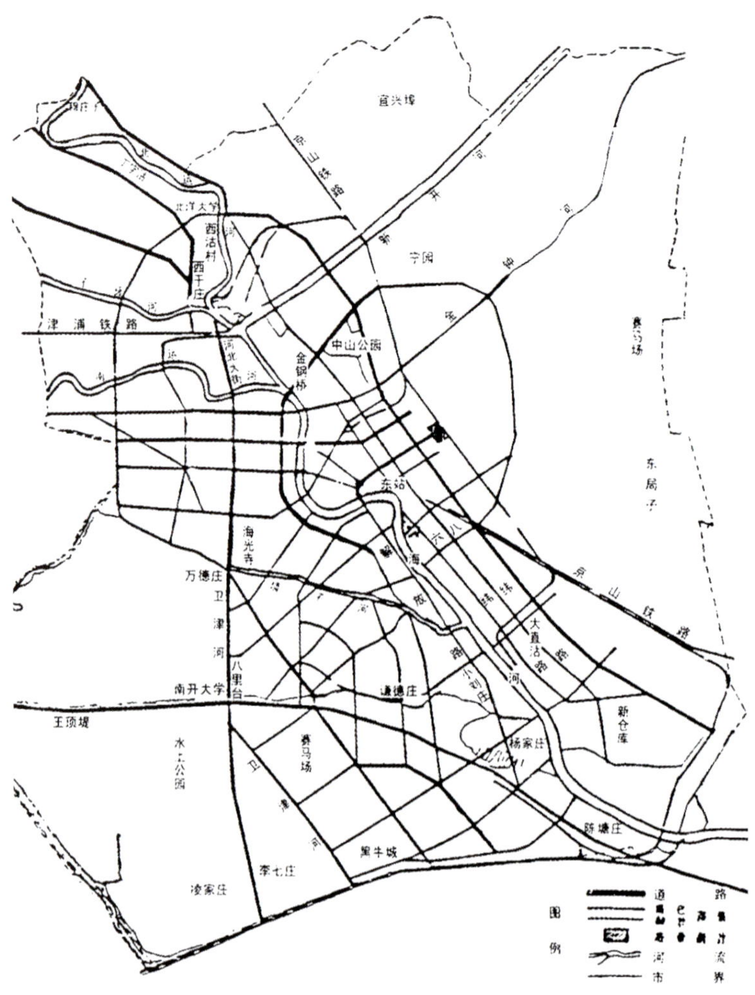

▲ 天津市道路系统计划图

废墙子河至吴家窑大街（半环）；二是自小西关、南大道至西南角，经南开三马路，再沿南开二纬路东行接南门外大街，过墙子河经西康路，穿吴家窑大街，再东南行与卫津河平行；三是自西郊接南开二纬路及福安大街，东北行经北安道，过胜利桥，转胜利路及新货场大街，连接新开路（折线）；四是自西郊广开二马路，接南马路过海河，沿海河东岸南行接河东六纬路（折线）；五是自新计划的东西干线与新开路交点至解放北路，向南行至小刘庄挂甲寺接津沽公路为一线，自解放北路转滨江道，绕西开教堂，转贵州路穿过成都道，止于吴家窑大街为一线（折线）。

1959 年年底，上述南北和东西向干道规划基本实现，虽受原有建筑限制，宽度不够，但为将来实现城市道路规划，彻底改造城市道路状况打下了良好基础。

1953年，天津市城市建设委员会提出了解放后天津市第一个城市建设初步规划方案，其中干道规划为“三环十八射”的环形放射系统，旨在把市区受河流、铁路和租界分割的支离破碎地区，用主要道路连通。这个规划到20世纪80年代虽经三次修订，但主要干道位置始终未变，只是调整为“三环十四射”系统。

1954年12月的城市总体规划方案中关于城市道路的内容是：城市道路采用环形与放射式相结合的布局，环路以市中心为核心，围绕中心区，全市共设三环：第一环，利用海河滨河路、新开路一段和水梯子、狮子林等路开辟，路宽60米；第二环，沿墙子河、城防河、新开河、西马路开辟，路宽50米；第三环，为全市的最外环，路宽50米。以上三环长约60公里。放射路通向外埠的共10条，分别是：津京公路、津同公路、西站西马路、津保公路、津西南公路（自主轴线向西南经废津浦路基至任丘）、津

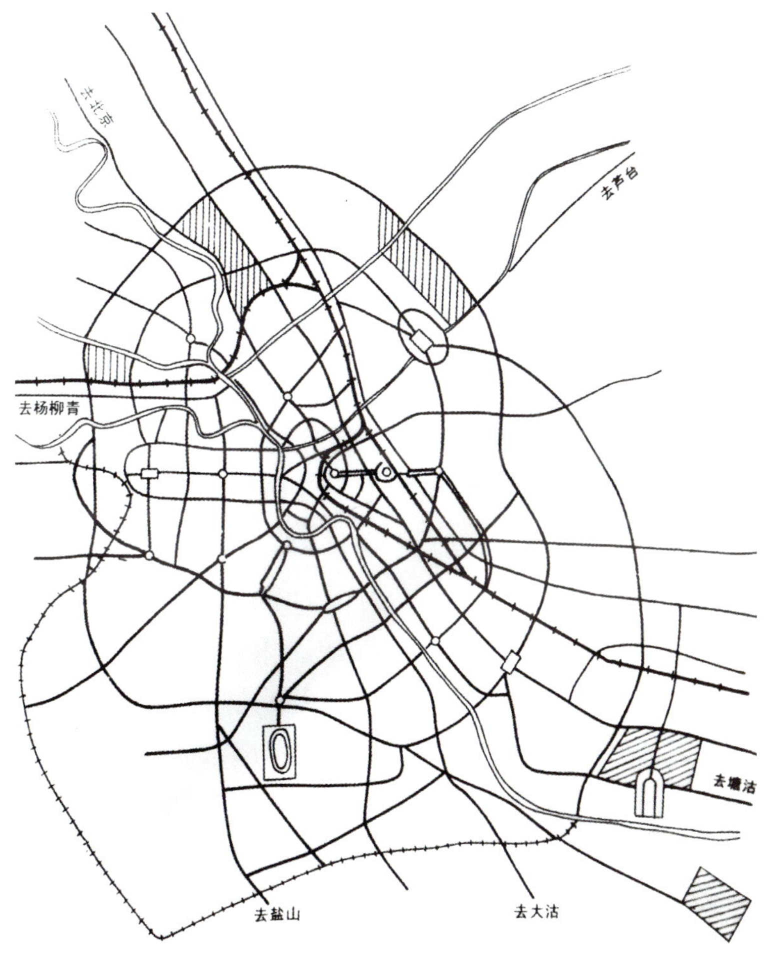

▲ 天津市城市建设初步规划总图（1953年1月方案）

盐公路、大沽南路、津塘公路、张贵庄路和津山故道，路宽30～50米。通向全市各区和外围公建场所的9条，分别是：南马路、解放路、中山路、大伙巷、六纬路、东郊区中心路（经王串场）、东局子区中心路、新华路至南郊公园和胜利桥（现北安桥）向西南至津保公路的新开路，路宽30～50米，个别地段20米。各区内主要道路宽度20～35米。全市道路（不包括街坊内部支路）总长约640公里。

1957年3月，天津市建设局提出了《天津市城市初步规划方案（1953—1967）》，方案中干道系统规划调整为两个环形路和南北两个辅助半环、16条放射线。规划范围东至张贵庄、崔家码头、黄家庄一带，西至大园村和天大西，南至双林、长泰农场，北至北仓、宜兴埠。1958年底全面开展了一次市区城市道路定线工作，根据定线成果，进行城市干道红线规划设计，对运行车辆、行人、绿化和管线埋设等分别提出规划要求。三条环线宽度为50～60米，道路横断面为三块板，快慢分行，人车分流。18条放射线道路宽度为30～50米，道路横断面凡有条件的也按三块板形式设计。

1958—1960年的城市规划方案提出了以平行于海河（东南、西北方向）的交通和沟通海河两岸交通为主，形成环状与放射相结合的道路系统方案。

1974年恢复了城市总体规划的编制，对人口规模、用地规模进行了调整，干道系统布局的思路由环形放射状转为市区干道网。市区干道网由7条干道组成，南北向4条，东西向3条；次干道42条。其中：南北向24条，东西向18条，自然形成内、外两个环线的环形放射道路系统。规划过河桥23处，道路与铁路交叉处的立交桥13处，道路平面立交广场6处。1978年编制的《天津市城市总体规划纲要》中包括了《城市干道系统布局规划》。

THE **FOURTH** CHAPTER

第四章
城市道路建设

TIANJIN MUNICIPAL

MEMORY

天 津 市 政 记 忆

一、1949—1957 年

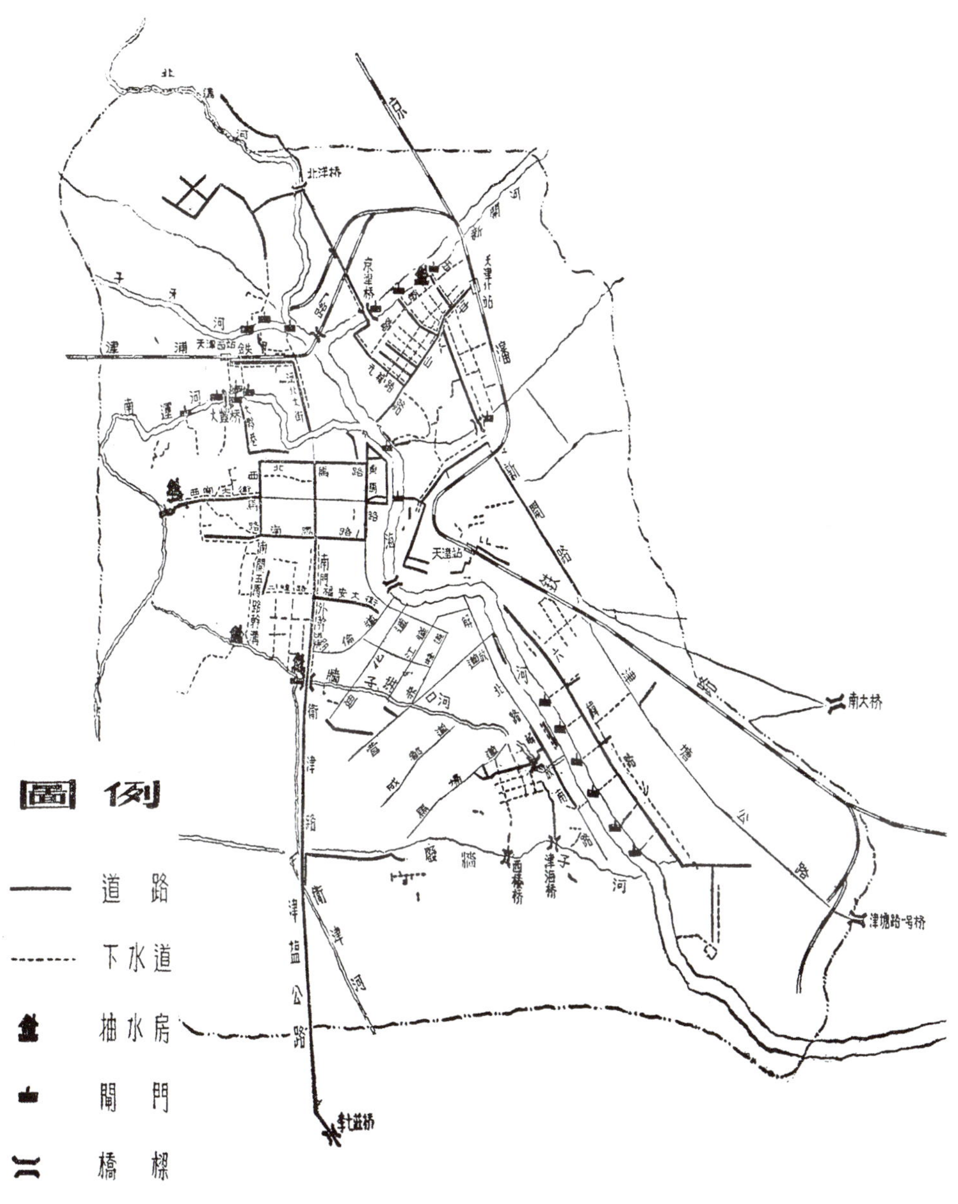

▲ 1949—1952 年天津市市政建设工程示意图

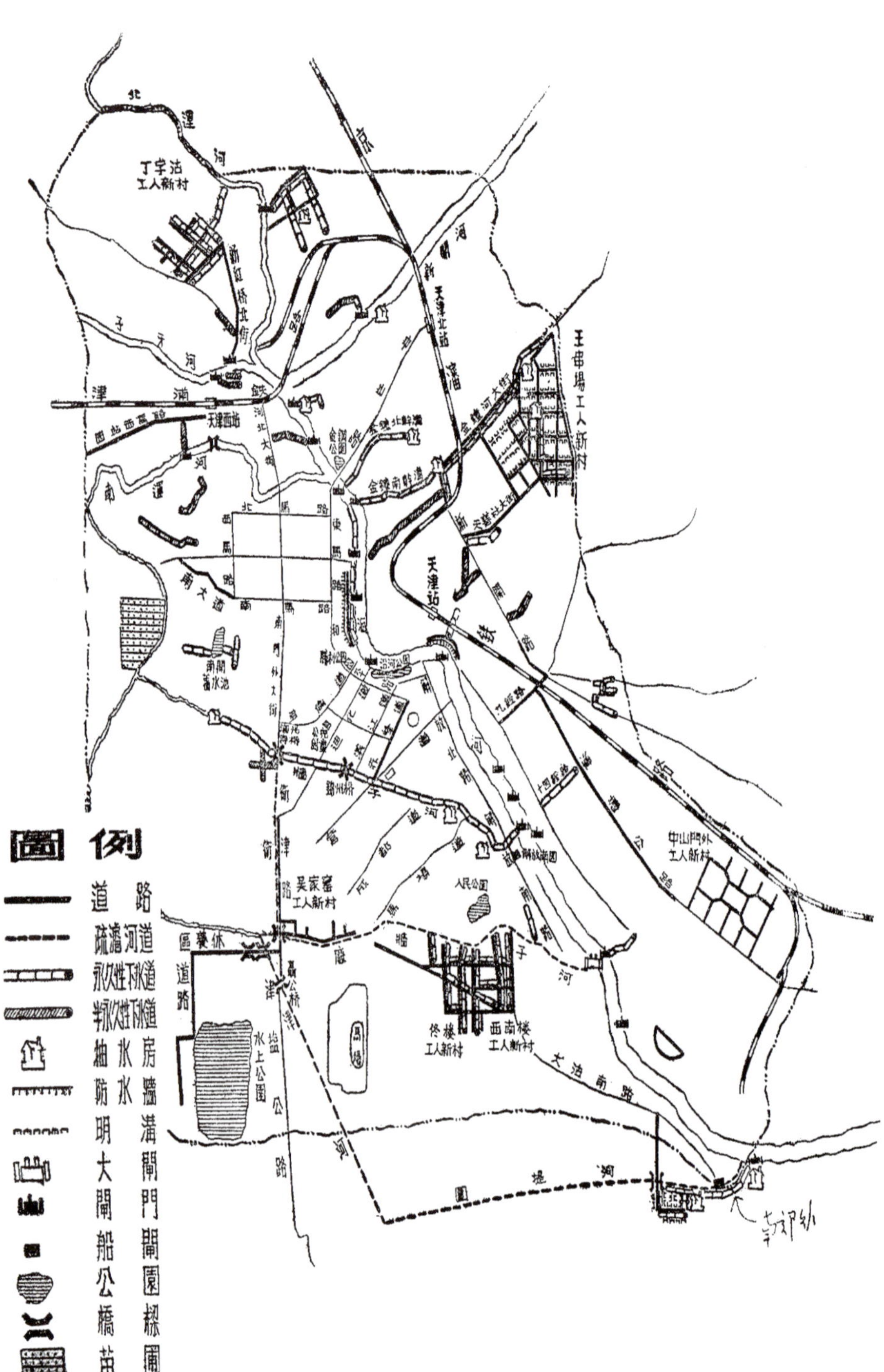

▲ 1953 年天津市市政工程建设示意图

1. 打通新仓库，新辟解放后第一条城市道路

六纬路是海河以东联系东南郊工业区和天津站的唯一通道，但路面狭窄，通到新仓库即成断头路。1951 年，将六纬路拓宽为双幅水泥混凝土路，并打通新仓库，新辟八纬南路（今富民路），改建光华路，开通了无轨电车，使高峰小时的 500 多辆机动车和上万名职工上下班不再绕道，节省了 8 公里路程，便利了郑庄子、娄庄子及中山门一带与市中心的联系。

▲▼ 1951 年打通的八纬南路（今富民路）

▲ 整修后的六纬路

▲ 1951 年新建的光华路

2. 初步打通市区两条南北主干线

1949 年以前，市区北面的京津和津霸公路，南面的津盐和津塘公路，是市区主要的出口公路。但这 4 条路进入市区后，没有一条互相连通的正路，使交通运输受阻。1951—1952 年，在海河以东，改造京塘国道市内段：将小王庄大街、元纬路、昆纬路和新开路改建为高级路面，使京津公路与津塘公路相衔接；在海河以西，改造河北大街、鼓楼南北大街、南门外大街及卫津路等市区要道，改建为水泥混凝土路面，使津霸公路与津盐公路相连通。通过上述改造，改善了市区南北交通，促进了城乡物资交流。

▲ 卫津路铺筑沥青混凝土路面

▲ 改造后的河北大街

▲ 南门外大街

3. 改善劳动人民居住区路况

1953—1957年“一五”时期，针对市区旧有道路铺装路面分布极不均衡的状况，加强旧有道路的整修，将劳动人民居住区的39条土路改为炉灰路，共翻修改善残破不堪的旧有道路120条，使高级路面比例由1948年的55%提高到66%。

4. 解决卡口、断头路严重阻碍交通问题

1954年，实施了拓宽大伙巷（大丰路）、打通黄纬路工程。黄纬路为京

▲ 改造西站前街（大伙巷北端）

◀ 1954年拓宽大伙巷打通瓶颈

塘国道市内段的一部分，其中五马路至八马路段原为军医院，已形成断头18年；大伙巷为规划南北向干线中的一段，是西站进入市中心的唯一通道，却仅有7米宽，而连接该路的西站前街宽18米，西马路宽21米，形成瓶颈。打通后，大伙巷拓宽至10.3米，由渣石路改建为沥青混凝土路，同时加宽了西马路，改善了市中心与津浦铁路西站之间的交通；黄纬路修建了水泥混凝土路面，使过往京津桥的车辆不再绕道元纬路。

▲ 大伙巷（今大丰路）

▶ 打通断头路黄纬路（五马路至八马路段）

5. 修建和改善市区交通干线

1954 年，配合金钟河改造，修建了金钟河大街和水梯子大街、狮子林大街，王串场一带居民进入市中心不再绕行中山路或新开路，形成了市区第一条东西向干线；同时改建拓宽了大沽南路、卫津路、紫金山路、广东路等干线道路。

▲ 新建的金钟河大街

▲ 狮子林大街道路施工

6. 修建工人新村和工业区配套道路

1952 年，新建了中山门、王串场、丁字沽、吴家窑、佟楼、西南楼、唐口 7 个工人新村，同时新建 35 万平方米的配套道路及一批通向新村的干线，如围堤道、丁字沽三号路等。1953 年以后又为新辟的南围堤河、白庙工业区、西站西、唐口仓储区和柳林休养区修建了配套道路和新区通向市中心区的干道。1954 年在尖山黄山路用石灰土基础代替块石基础获得成功，1956 年开始推广。

◀ 新建的工人新村

▲ 始建于 1953 年的西南楼工人新村

7. 拓宽大沽南路

随着南郊工业区、尖山住宅区及柳林休养区的建设，大沽南路的交通量日渐增加，而该路段仅有 5 米宽，行车时速只能达到 15 公里，交通阻塞现象非常严重。1955 年拓宽了大沽南路，大大便利了南郊工业区与市中心的联系。

▲ 大沽南路

8. 加强旧有道路养护管理，保持路况完好

1949—1957 年的 9 年间，市区新增城市道路 217 公里，面积 175 万平方米，相当于解放前旧有道路总长的 78% 和总面积的 70%，初步形成 4 条南北向、4 条东西向放射道路。

4 条南北向放射道路分别为：一是京津公路、小王庄大街、黄纬路、昆纬路、新开路、张贵庄路、津塘公路；二是津霸公路、新红桥北街、新河北大街、河北大街、北门内南门内大街、南门外大街、卫津路、津盐公路；三是西站前街、大伙巷、西马路、南开五马路、南开二纬路、南门外大街；四是解放路、大沽南路、津沽公路。

4 条东西向放射道路分别为：一是北营门西马路、西站西马路、邵公庄路、津青公路；二是北马路、西马路、西关大街、西营门大街、南运河右堤路；三是老铁桥大街、狮子林大街、水梯子大街、金钟河大街、津榆公路；四是津塘支路、新货场大街、胜利路、沿河马路、多伦道、福安大街、南开二纬路。

上述这些放射干道虽受种种客观条件限制，宽度不够，标准较低，但基本上满足了当时交通运输对道路的要求，为将来实现城市道路规划、彻底改造城市道路状况打下了良好的基础。

▲ 20 世纪 50 年代解放北路利顺德饭店门前

▲ 沿河马路

▲ 贵州路

▲ 和平路

▲ 鞍山道与山西路交口

◀ 和平路与滨江道交口

二、1958—1965 年

1. 打通和延长解放南路

1958—1959 年，将解放南路小刘庄段打通，由琼州道向南延长至黑牛城道，车行道由 5 米加宽到 12 米，修建沥青混凝土路。道路延长后缩短了尖山工业区、南郊工业区与市中心的距离，大大减轻了大沽路的交通压力。

▶▼ 打通、延长后的解放南路

2. 修建光荣道和丁字沽一号路

光荣道原为乡村土路，1952 年建成丁字沽新村后，此路逐渐重要。1952—1958 年，将该路从北洋桥到丁字沽三号路的一段先建炉灰路、渣石路，后改建为 9 米宽的沥青混凝土路。丁字沽一号路原为农田，是 1952 年修建丁字沽工人新村时新辟的一条渣石路，1958 年改为灌油路。两条道路的修建，成为丁字沽工业区和住宅区的对外交通要道。

▲ 丁字沽一号路（20 世纪 80 年代初）

▼ 解放南路

3. 修建程林庄路

程林庄路为清同治六年（1867 年）三口通商大臣崇厚创办天津机器局（东局子）时所建，一直是土路。1958 年开辟程林庄新工业区后，改建为炉灰路。1963—1979 年先后 5 次加宽、改建，并建成沥青混凝土路，成为程林庄工业区和万新村居民区的对外交通要道。

4. 修建中心广场和解放桥头广场

解放桥至天津东站之间，原来道路狭窄，车辆无回旋余地，尤其是解放桥头，交通秩序混乱，车辆经常堵塞。1959 年，在北安道与解放桥之间，拆除民族路与民生路之间河边的建筑物两万多平方米，开辟了一条 30 米宽的沿河马路，在马路向河湾延伸处，修建了面积为 1.3 万平方米的中心广场，广场呈弧线形，最宽处 65 米；同时在解放桥桥头，修建了面积为 2 万平方米的桥头广场，又将附近的河东路由 20 米加宽至 32 米，两个广场与新建的马路连成整体，共有 6 万多平方米。不仅改善了交通，而且形成了天津市举行盛大集会的场所。自 20 世纪 60 年代至改革开放初期，天津各种大规模的游行、集会、联欢等活动，均在这里举行。1960 年“五一”劳动节，毛泽东主席曾登上检阅台，检阅游行队伍并接见了劳动模范。1988 年为配合天津铁路枢纽改造工程，解放桥桥头广场再次扩建改造，与天津站主广场连成一体。

▼ 中心广场

▲ 中心广场检阅台

▲ 解放桥桥头广场

5. 修建全市最宽马路西青道，拓宽京塘国道市区段

西青道自西横堤至西站，是西站货物集散和津西各县进入市内的重要通道，但路面狭窄不平，车辆经常堵塞。1960年改建成全市最宽的马路，50米宽路基，28米宽路面，使市区增加了一条东西向干线。京塘国道市区段是天津市重要的对外交通干线，但路面大部分只有7米宽，1959—1960年，将引河桥至河东四号桥段28.8公里加宽至14～28米，修筑了水泥混凝土路面，使市区通往塘沽新港的道路更加通畅。

▲ 京塘国道市内段

▲ 西青道

6. 修建一批为工业区、住宅区配套道路

1958 年修建了张贵庄路、黑牛城道。黑牛城道是 1958 年为配合陈塘庄铁路支线货场的开辟而建，初称南大围堤平行线，为土路、炉灰路，1964 年以后，经 3 次加宽改建为沥青混凝土路。1958—1962 年，在 7 个工业区新建、改建道路 30 多条。配合天津拖拉机厂建设，新建了红旗路、复康路；1963—1965 年，又将新工业区内的长江道、黄河道、咸阳路、成林路、尖山路、志成道等，改建为高级路面，同时将 7 个工人新村内的 30 多条砖路、渣石路改为沥青混凝土路，将南市、广开、河东地道外、谦德庄等旧居住区的 60 多条低级路面改建为高级路面。

▲ 河北区王串场工人新村道路

▲ 1958 年配合新工业区建设新辟长江道

▲ 1959 年配合拖拉机厂建设新辟红旗路

▲ 1953—1975 年，为尖山等住宅区修建配套道路

7. 改造和平路

和平路是一条繁华的商业街，始建于 1902 年，从南马路至锦州道一段属日租界，称旭街；锦州道至营口道一段属法租界，称杜总领事路。1908 年铺设有轨电车道。1946 年将两段合称罗斯福路，1949 年改名为和平路，全长 2139 米。

和平路原有道路比较狭窄，车行道宽仅 13.5 米，交通非常拥挤。1964—1965 年改造和平路，拆除绿牌有轨电车轨道，铺筑沥青混凝土路面，路面结构首次采用新级配，提高了道路荷载能力。同时更换侧石、收水井和旧有砖砌下水道，人行道铺装水泥花砖，电力、电信管线全部入地，成为中心城区第一条管线入地马路。和平路两侧的建筑不宜拆迁，拓宽道路困难，遂采取改建骑楼的办法，加宽人行道，改善商场门前的交通。和平路改造涉及商业、电力、电信、电车、给水、排水等诸多方面，由于各方积极配合，协同施工，使改造工程完成得既快又好，为以后的旧路改造工程积累了经验。

▲ 二十世纪五六十年代改造前的和平路

▲▲▲▲ 改造后的和平路

三、1966—1977 年

1. 道路建设概况

1966—1976 年，因市政建设投资削减，市区道路建设速度放慢。这期间较大的工程有：1973—1975 年，结合墙子河改造和地铁工程建设，修建了南京路，同时加宽了南开二纬路和南开三马路；修建了气象台北路，将气象台南路改建为高级路面；延长了成都道；翻修、改建了谦德庄、炮台庄、三条石、姚家台、郭庄子、万德庄、小树林旧居住区损坏严重的 100 多条道路。

▲ 20 世纪 60 年代大胡同

▲ 河北区中山路元纬路口

◀ 1972 年解放北路

▲ 1966 年新辟的河北区南口路

▶ 1972 年八纬南路（今富民路）

▲ 南开五马路

▲ 重庆道邮局前

2. 修建了市区最宽的道路——胜利路（今南京路）

胜利路是这一时期建成的唯一一条市区交通干线，系结合墙子河改造和修建地铁，将填平后的墙子河身与河两旁旧有的南京路、上海道连在一起修建而成。胜利路于 1973 年 2 月开工，1975 年底完工。路全长 4764 米，平均宽度 32 米，路两侧树木成行，广设绿地、花坛，景致和谐。胜利路是当时市区最宽阔而结构优良的高等级马路。1984 年更名为南京路。

▲ 未建地铁前墙子河边南京路

▲▼ 建成后的南京路

四、工业区和新居住区的道路配套补缺工程

新中国成立后至改革开放前，天津市区新建了十多个新工业区和十多个新居住区。在这些新工业区和居住区，陆续新建了 200 多条道路，其中一部分已列为规划中的次干道。新工业区包括：陈塘庄、白庙、北仓、西营门外、天拖、东南郊、西站西、北站外、程林庄、新开河、铁东共 11 处；新居住区包括 1952—1953 年新建的王串场、唐家口、中山门、丁字沽等 7 个工人新村，当时就修建了配套道路 40 条、35 万平方米；1954 年以后新建的尖山住宅区，修建了资水道、沅水道、澧水道、泰山路、黄山路等 7 条路，总长 6.4 公里。

▲ 丁字沽工人新村

▲ 天津拖拉机厂

THE

FIFTH

CHAPTER

第五章

城市桥梁建设

TIANJIN MUNICIPAL

MEMORY

天 津 市 政 记 忆

一、1949—1957 年

1. 改建京津桥

1949—1950 年，将新开河上已成危桥的旱桥（木桥）拆除，新建解放后天津市第一座钢筋混凝土桥，建成后更名为京津桥。桥长 100.2 米，宽 12 米，共 11 孔，8 孔 8.4 米，3 孔 11 米，载重 15 吨。采用三孔连续梁普通混凝土结构，下部为桩基础，重力式桥墩。

▲▲ 改建后的京津桥

2. 改建北洋桥

1951 年，将已成危桥的北洋桥由木桥改建为钢筋混凝土桥。桥长 63 米，宽 9 米，5 孔，载重 15 吨，为跨径 12.3 米钢筋混凝土简支梁结构。

▲ 北洋桥施工

▲ 改建后的北洋桥（一）

▲ 改建后的北洋桥（二）

3. 改建大丰桥

1952 年改建大丰桥。将上部结构由现浇混凝土工艺改为预制 T 形梁工艺，下部结构首次采用钢筋混凝土排架式桩柱结构，并由局属队伍首次自行施工。长 33 米，3 跨，载重 15 吨。

▲ 改建后的大丰桥

4. 重建海河胜利桥

胜利桥原为木桥，解放初已成危桥。1951 年 3 月开始重建，1952 年 1 月完工。重建后的胜利桥为半永久性混凝土桥，共 10 孔，跨径 8 米的 8 孔，跨径 11.5 米的 2 孔。桥长 88 米，宽 12 米，载重 7.5 吨。

▲▼ 胜利桥（今北安桥前身）

5. 新建狮子林桥

1954 年为配合新的东西干线——狮子林大街、水梯子大街、金钟河大街，在海河上修建了解放后第一座桥。桥为木桥，钢筋混凝土桩，跨径 10 米 9 孔，全长 90 米，全宽 11 米，载重 6 吨。狮子林桥建成后分担了金钢桥和金汤桥的交通量。

▲ 狮子林桥打桩

◀▲ 狮子林桥

二、1958—1965 年

1. 修建刘庄浮桥

刘庄浮桥，原名海河浮桥，这里原来是一个繁忙的渡口。1959 年，在渡口原址建成开启式木结构浮桥。当时市区海河自解放桥以下没有桥梁，每天河东、河西两岸 4 万多职工上下班全靠 6 个渡口摆渡通行，两岸之间的运输车辆一直绕行解放桥，使得解放桥拥挤不堪，高峰时每小时通过机动车 400 多辆，其中刘庄渡口两岸工厂企业的绕行车辆几乎占了一半。由于车辆绕行和行人候渡造成的损失，每年达 200 多万元。因当时海河综合利用规划未定，刘庄渡口尚不能修建永久性桥梁，故于 1959 年修建刘庄浮桥以应急需。

刘庄浮桥长 117.8 米，可以调节高度的引桥两岸各 4 孔，长 23 米，其中最大一孔净跨 8 米，一般小船可随时通过。桥全宽 17 米，其中车行道宽 12 米，荷载标准为汽 15- 拖 80。浮桥由 8 只大木船并排编组而成，开启跨长 42 米，由 5 只浮船组成，采用 4 台慢速卷扬机和 4 台人力绞盘拖动，由两岸分别供电，开桥时 5 只浮船整体顺流向下退出，然后分解为 2 只及 3 只两个船组，分别停泊于两岸，让开航道，以通过海轮及大型船只，因设备落后，起吊时费时费力。闭桥时，小型船只可以通过引跨，故基本上能满足通航要求。桥建成后便利了两岸交通，减轻了解放桥的负担，1960 年，解放桥的交通流量比 1959 年减少了一半。

1975 年将刘庄浮桥改建为开启式钢丝网水泥船浮桥，木船被换成 6 只钢丝水泥船（利用四新浮桥拆下来的旧船）组成漂浮部分，长 76 米，上托钢梁和木桥面。全桥长 124 米，引桥长 24 米，两端设有 4 座 22 千瓦电动起吊塔，开启方式改为绕固轴向一侧旋开，较旧桥启动灵便，跨径 20 米 + 76 米 + 20 米，有效通航孔径 66 米。

▶▶ 刘庄浮桥

▲ 1975 年刘庄桥改造，将木船改为 6 只钢丝网水泥船，上托钢梁和木桥面

2.1965 年首次采用后张法施工建成两座预应力混凝土简支 T 形梁桥——咸阳桥和新开桥

1965 年 5 月，首次采用预应力技术建成南运河上的咸阳桥，跨径 20 米，为预应力钢筋混凝土简支梁，最先引进后张法工艺，用环销锚具；同年 12 月又建成新开河上的新开桥，桥长 114.86 米，宽 24 米，5 孔，为简支单悬臂 T 形梁，中孔加吊梁，双向预应力钢筋混凝土以加强全桥的刚度，后张法施工，预应力束孔道用伸缩钢丝套管抽拔成型，锚具采用环销锚和锥式锚两种，在采用预应力技术方面大大跨进了一步。另外，还在子牙河铁锅店桥和李港铁路桥分别进行了拼块式预应力混凝土简支梁、先张法预应力空心板梁的试验与施工，自此天津市桥梁结构开始向轻型、高强、大跨度发展。

▲ 咸阳路桥（现状）

▲ 新开桥

▲ 新开桥下部结构

三、1966—1977 年

1966 年，在市区一级河道上先后建成 4 座跨河桥，使市区河多桥少状况明显得到改善。

1. 建成天津市第一座单链悬索桥——子牙河新红桥

子牙河上桥梁少，是城市交通历史遗留问题之一。当时市区子牙河上只有一座大红桥，桥宽仅有 5.5 米，子牙河南北之间交通主要靠它承担，上下班高峰期间，仅自行车每小时就通过 9000 辆，机动车排队有时达一两小时之久。为解决交通拥堵问题，建成新红桥。新红桥主跨 80 米，桥宽 11 米，其钢桁架利用和平路上拆除的旧电车轨道，经加工后制成全焊桁架作为加劲梁，主索采用钢绞线，以拉直丈量控制矢度的方法安装。桥塔高 13.3 米，为门式框架钢筋混凝土结构。该桥建成后，减轻了大红桥的交通压力，便利了两岸交通，促进了城乡物资交流。该桥于 1966 年 1 月建成通车。

▲▲ 新红桥

2. 建成北运河勤俭桥，首次采用钻孔灌注桩基础

勤俭桥为 5 孔钢筋混凝土结构，长 70.9 米，宽 19.6 米，最大载质量 18 吨。1985 年修中环线时加宽至 65.29 米。勤俭桥首次采用钻孔灌注桩基础，比打桩缩短工期，后在建桥施工中逐步推广。

▲ 勤俭桥

▲ 今日勤俭桥

3. 首次采用 T 形刚构大跨径结构体系和预应力钢筋混凝土箱形梁悬臂拼装新工艺建成子牙河红卫桥

红卫桥长 136 米，4 孔，中孔 60 米，两边孔分别为 37.8 米和 22.5 米，另在滩地设一 16 米长的简支孔。由于子牙河汛期水深流急，故上部结构首次采用预应力钢筋混凝土 T 形刚构（为四组箱形结构），用悬臂拼装法施工，下部结构为高桩承台，当时在国内居于前列。1985 年修建中环线时，为了与环线路面的横断布局相称，在原桥西侧按原结构形式又建一座新桥，新、旧桥分上下行。

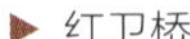
▶ 红卫桥

▼ 加宽后的红卫桥

4. 新建海河四新浮桥

桥长 122.8 米，宽 15 米。桥的漂浮部分由 6 条大型钢丝网水泥船托着 80 多米长的钢梁组成，两边各用一跨钢梁引桥，将漂浮部分与河岸相接，漂浮部分可以开启。用钢丝网水泥船代替木船，为桥梁建设一个创举。

5. 国内率先采用由 T 形刚构体系转换为简支单悬臂梁体系的桥梁设计安装新技术的胜利桥和狮子林桥（姊妹桥）

1973 年和 1974 年，将胜利桥和狮子林桥拆除重建，由木结构桥改建为带挂孔的预应力钢筋混凝土悬臂箱形梁桥，两桥均长 97.6 米，3 跨，主跨 45 米，桥宽 24.6 米。20 世纪 60 年代修建的 T 形刚构桥，是将箱形梁与桥墩浇成整体，使墩身因要承受很大弯矩而增大。为克服这一缺点，胜利桥（今北安桥）和狮子林桥采用临时锚固的悬臂拼装新工艺，即将梁身临时锚固在墩身上，形成 T 构，悬臂拼装完成后，再拆除临时锚固，经过转换体系，形成简支单悬臂梁体系，从而简化下部结构，这是悬臂施工法的一大改进，由此避免了 T 形刚构必须设置低桩承台的困难。两桥采用钻孔灌注桩代替打入桩，工艺简单，进度也快。这一体系转换技术当时在国内居于前列，该设计获 1981 年国家建委颁发的优秀设计二等奖。1986 年，利用 1954 年建的狮子林旧桥墩安装了“叱

▼ 胜利桥（今北安桥）

咤闹海”“二龙戏珠”喷泉彩雕，使津门又添一景。

天津市区内除有海河、子牙河、南运河、北运河等一级河道外，还有自明、清以来人工开挖的卫津河、金钟河、墙子河、月牙河、新开河、南围堤河、长泰河、红旗河、复康河等若干二级河道。解放后到改革开放前，陆续对这些二级河道上原有的桥梁（大多为木质结构桥）全部原地拆除重建，并根据需要建了部分新桥。这些桥梁主要有：

南运河：建于1959年的邵公庄闸桥，T形简支梁；建于1967年的井冈山桥，混凝土双曲拱；建于1971年的团结桥，混凝土双曲拱；建于1971年的爱民桥，钢筋混凝土板梁。改建于1953年的金钟桥，中承式钢板梁。

新开河：始建于1923年、改建于1968年的红星桥，边跨为预应力空心板梁，中跨为T形梁。

废墙子河：改建于1966年的绍兴桥，中跨T形简支梁，边跨板梁；改建于1970年的津海桥，T形简支梁；建于1970年的福建桥，T形简支梁。

卫津河：建于1953年的聂公桥，双悬臂T形梁。

南围堤河：建于1967年的尖山桥，钢筋混凝土板梁；建于1969年的复兴门桥，钢筋混凝土空心板梁。

月牙河：建于1971年的南大桥，T形简支梁。

墙子河：建于1966年的南丰桥，T形简支梁。

截至1988年年底，天津市共有桥梁147座。天津解放时留下的72座桥中，除5座钢桥和1座混凝土桥没有重建外，其余67座均被拆除，原地重建。

▲ 狮子林桥

▲ 1986年利用旧桥墩装饰后的狮子林桥

6. 打破京山、津浦铁路阻隔，新建3座地道，解决过铁路难问题

20世纪60年代，随着市区交通量的不断增长，铁路与道路立交少的矛盾日益突出。京山铁路从小树林到张贵庄十多公里，只有一座6米多宽的唐家口地道，平时通过需十多分钟，遇到大雨后地道积水则断绝交通；过平交道口的车辆须排队等待火车通过，经常因交通拥挤而发生事故。1966年10月建成的东风地道（十五经路地道）解决了过铁路难的问题。东风地道是国内首次采用箱涵顶进组装法施工的地道。全长49.5米，由3个5米高的方涵组成，总宽20米，穿越8股铁路线。施工现场土质差，地下水位高，施工难度较大。经采用中继间顶进、箱涵外壁涂蜡以减少摩阻和双层井点排水等措施，使箱涵顶进顺利到位，施工不影响铁路正常运行。东风地道和新开路地道工程荣获1978年全国科学大会奖。

1967年和1968年又修建了南口路和新开路地道，由单箱顶进发展为3孔连续箱体一次顶进。南口路地道洞体长41.67米、宽24米，新开路地道洞体长15.5米、宽37.3米。

▲ 东风地道

◀ 东风地道

▶ 建于 1967 年的南口路地道

▶ 建于 1968 年的新开路地道

THE
SIXTH
CHAPTER

第六章

公路交通设施建设

TIANJIN MUNICIPAL

MEMORY

天 津 市 政 记 忆

一、1949—1957 年

1949 年，天津市除京塘（京津段）公路有 3 米宽的水泥混凝土路面和津北（天津至北塘）公路有 8.3 公里的碎石路面外，其余均为土路，部分路段以碎石或块石做路面基层。这一时期的公路建设以普修恢复原有公路为主，同时新建、改建一部分干线公路。1955 年修建了唐王公路，由静海唐官屯至大港小王庄。将津塘公路初步拓宽并改为灌油路，将京津公路改建为 6 米宽水泥混凝土路面; 津沽和津歧公路，灰堆至咸水沽、咸水沽至小站段分别改建为 6 米宽灌油路和卵石级配路。9 年间新增公路通车里程 423 公里，新增桥梁 64 座、2802 延米，将大部分有河道相隔的公路接通，将一部分木桥翻建，提高了承载能力，公路面貌有所改善。解放初期，一般用渣石作为道路基层，造价高，劳动强度大，施工期长，1956 年推广了用石灰土进行基层处理的新工艺，减薄了面层厚度，降低了造价，而且抗压强度好，具有良好的水稳性、耐动性，起到半刚性板体作用，同时便于机械化施工，提高效率十倍左右。以后又在灰土中掺入粉煤灰、矿渣等工业废料，进一步提高了抗压强度，降低了工程造价。

改造津歧公路　天津境内津歧公路长 58 公里，是市区通往大港油田的主要通道，也是国防要道。1956 年将灰堆至咸水沽段的卵石级配路改建为渣石

▲ 津歧公路小站段（现状）

灌油路；1962 年将小站至滨海村路段修建成灌油路面。1970 年以后，配合大港油田开发，对该路重要路段进行改造，路面宽 7 ~ 14 米。

▲ 20 世纪 50 年代初拓宽津塘公路市内段

▲ 拓宽后的京津公路

▲ 津盐公路静海段

▲ 津沽公路

二、1958—1965 年

1. 新建、改建一批国、省干线公路，公路建设进入以高级和次高级路面为主的路面铺筑新阶段

这一时期，新建津榆、杨北、青龙湾左堤、津承（今津围）蓟县山区段、津保南线、津同、芦汉、山广等国、省干线公路；改建京榆（今京哈）公路蓟县段、京塘国道武清段、津承公路宝坻段、津盐公路西郊及静海段等，同时为大港油田开发建设修桥、铺筑道路。将 18 条（段）公路分别铺筑了沥青或重油表面处治、沥青贯入式和沥青混凝土路面，总长 253 公里。1963—1966 年上半年，由于推行石灰土类基层、沥青薄层（表面处治）路面和试用渣油改善（磨耗层）路面，高级和次高级路面增长 2.43 倍，同时增设和健全了养路道班，使路况质量不断提高，好路率创 1949 年以来最高水平。

1）扩建津同公路

1958—1959 年对杨柳青至霸县段 62.6 公里进行扩建，并铺筑了 3.5 米宽沥青表面处治路面，长 11 公里，是天津通往河北省的第一条沥青路面。1962—1975 年又分段进行改造，达到三级公路标准。

2）拓宽京津公路

1959 年开始对京塘国道京津公路的引河桥至霍家咀段 8.2 公里进行拓宽改造，并将南仓至天穆村沿北运河左堤路段裁弯取直。至 1960 年建成一级公

▼ 京津公路

路线形，路基宽 50 米、路面宽 14 米（引河桥至北仓）及 28 米（北仓以南），为沥青贯入式和水泥混凝土路面。1963 年建成新引河桥，专供机动车通行，老桥用做非机动车行驶。

3）拓宽津塘公路

1959—1960 年，将市区至四号桥段，加宽路面至 14 ~ 26 米，加宽部分修筑为水泥混凝土路面。1965 年将塘沽胡家园至河北路段 4.6 公里改建路基，铺筑 7 米宽石灰土基层、双层式沥青表面处治路面，全路均为沥青路面。

4）新建山广公路

山海关至广州，国道干线。天津境内部分暂利用津榆和津淄公路，净里程 143 公里，重复里程 166 公里。1960 年和 1969 年分段建成通车。以后几经加宽改建。

▶ 京塘国道津塘公路塘沽段

▶ 山广公路

5）新建杨北公路

杨村镇至北塘，全长 72.3 公里。1960 年开始修建，1966 年全线贯通。1978—1980 年将原级配路面全部改建为沥青路面，并对部分路面拓宽改建。

▲ 杨北公路

6）改建津围公路

天津境内长 136 公里，始建于解放初期，原为蓟宝县级公路，1957 年改称兴蓟宝市级公路，1962 年改称津承公路。1965—1968 年分段改建，1979 年全部铺筑沥青路面。1988—1989 年进一步拓宽改造，由外环线至蓟县城北改建为 16 米宽二级公路。20 世纪 90 年代以后，该路又经两次加宽改造，成为宽 30 米的高级公路。

▲ 1967—1969 年改建津围公路，图为宜兴埠段

▲ 津围公路蓟县孟家楼段

7）改建京福公路西琉城大桥至青县段

原为津保南线，从三元村起，沿南运河右堤经杨柳青、静海去沧州。1949 年后该路客货车辆骤增，南运河堤弯曲狭窄，1953 年开挖独流减河后南运河堤已不复通。1956 年改线，从杨柳青过独流减河进洪闸，经下圈跨津浦铁路于东侧南下直行接陈官屯原土路，再经唐官屯、九宣闸，于闸南向西接原路。1964 年交通部决定将该线静海县城以北段调整线位，改由独流减河西琉城村南跨河建大桥，沿县境运东排干渠东堤，经前毕庄插向静海接津德原路。1965 年填筑新路基，增高旧路基，1966 年铺筑 6 米宽渣油路面，同年建成西流城大桥并修通津盐公路牛坨子至大桥的路基及沥青路面，全线通车。1981 年国家干线公路网颁布后，西琉城大桥及以南路段和董标垡至西琉城大桥段改称京福公路。以后又多次拓宽，达到二级公路标准。

▲ 京宁公路天津段（京福公路前身）

▲ 津榆公路

▲ 津国公路蓟县黄崖关段

2. 修建多座永久性大型公路桥梁

1960 年建成津榆公路芦台蓟运河大桥，全长 169.5 米，桥面高程 11.24 米，9 孔，主跨跨径 54 米，采用下承式系杆拱钢结构，当时在天津和全国均属首例。1976 年唐山大地震时该桥遭到严重毁坏，1979 年重新修复。

1957 年以前，新建公路桥梁大都为木结构。自该桥建成后，木桥逐步被淘汰，桥梁建设进入钢筋混凝土结构时代。

▲ 建于地震前的蓟运河芦台大桥

◀ 地震后修复的蓟运河芦台大桥

◀ 1961 年建成杨北金钟河大桥，中孔为 44 米简支单悬臂梁，已接近跨径上限

三、1966—1977 年

1. 集中力量新建和加宽城市进出口道路

1966—1977 年，公路建设事业受到干扰，但由于根治海河工程、加强战备和大港油田开发都离不开公路建设，因此这期间，公路通车里程仍有较大增长。先后建成津围、山广、京福、杨北、津北、津汉、塘汉等国省干线，延长和加宽了京津、咸歧、津保、津崔、津沽、津赤、李万等干线公路，22 条干线公路铺筑了沥青路面，高级和次高级路面已占 37 条干线公路总里程的 93%。

1975 年，配合港口大件货物运输的需要，建成载重 600 吨（轴重 35 吨）公路两条：一是由塘沽新港经塘黄、杨北、京塘公路至北京房山燕山石化总厂；二是以海河大件码头为起点，经津沽、咸歧公路至大港电厂。同时建成通行汽 -20、挂 -150（轴重 21.4 吨）重车公路两条：李港公路（市区—上古林接咸歧公路），金钟路（民权门—杨北公路）。

1）改建津北公路

即张贵庄路，1969—1970 年间修建战备公路时，将此路由南大桥至四道桥段按二级公路标准整修成 12 米宽路基，将塘沽砖瓦厂至四道桥段修筑成 7 米宽沥青表面处治路面。1974 年将南大桥至机场段翻修改建为 9 米宽沥青混凝土路面。1979—1981 年将机场以东至塘沽砖瓦厂段修筑为石灰土基、沥青拌和式路面。

2）新建青龙湾左堤路

1965—1966 年始建，大部分路段在青龙湾河左堤，是宝坻区最早修筑的一条市级渣油公路，路基宽 12 米，路面宽 6 米，是宝坻南部的公路干线。

3）新建津永公路

始建于 1966 年，自市区千里堤至河北安次县，全长 27.55 公里，路宽 6～7 米。

4）新建津汉公路

始建于 1971 年，全长 55.98 公里，路宽 6～15 米，1971—1972 年铺筑沥青拌和式或混凝土路面。1976 年唐山大地震后，重新调整线位，至 1987 年按二级公路标准建成 16 米宽路基、12 米宽沥青混凝土路面。

▲ 青龙湾左堤路

▲ 津汉公路

5）改建津淄公路

原路由李七庄向西至牛坨子，转向西南过独流减河小卞庄桥，经静海杨成庄、大邱庄至大港小王庄南下，1955年修通。1969年建成万家码头大桥，遂调成今线位。1967年开始实施改建和铺筑沥青混凝土路面，至1982年，全线铺筑了沥青拌和式路面，并新建了3座钢筋混凝土桥梁，至此天津路段全部实现路面黑色化、桥涵永久化。

6）改建津沽公路

1966—1967年在西大桥至葛沽段、葛沽至东大沽段修筑6～7米宽的石灰土基层、沥青表面处治路面。大港油田开发后，该路灰堆至咸水沽段交通量呈饱和状态，1969—1970年将该段按二级公路标准，改建为18米宽路基、12米宽沥青混凝土路面。

▲ 津沽公路

▲ G102 京哈公路

▲ 京塘国道京津公路

◀ 首钢大件转炉炉体行驶重车公路

◀ 津围公路蓟县山区段

▲ 1973 年建成的八二公路

▲ 20 世纪 70 年代中期始建的北围堤路

2. 新建多座结构多样的大型公路桥梁

进入 20 世纪 70 年代以后，钢筋混凝土结构桥梁在结构设计和施工技术上又有了新的发展。桥梁下部结构由打入桩改进为钻孔灌注桩，施工简便，节省材料，加快了桥梁的建设速度。上部结构根据不同的自然条件和承载要求，先后采用了 T 形梁、空心板梁、双曲拱、桁架拱、预应力箱形梁等结构，从而满足了大跨度、重荷载、多功能的要求。

1966 年和 1969 年修建的津歧公路东风大桥、津淄公路万家码头大桥，均跨越独流减河，为天津公路上最早的千米桥。其中东风大桥共 71 孔，跨径 14.1 米，全长 1001.1 米，全宽 9 米，上部结构为预制安装钢筋混凝土简支 T 形梁，下部结构为双柱式墩台、灌注桩基础；万家码头大桥共 73 孔，跨径 14.1 米，全长 1029.3 米，全宽 9 米，结构与东风大桥相同。

1966 年建成津围公路蓟县王庄大桥，11 孔，跨径 16.8 米，全长 197.8 米，下部结构为砌石基钢筋混凝土承台、双柱式墩及重力式砌石基钢筋混凝土桥台，上部结构为预制安装钢筋混凝土简支 T 形梁。

▼ 津歧公路东风大桥

▲ 津围公路蓟县王庄大桥

◀ 建于 1971 年的津围公路潮白河大桥

◀ 京福公路东州大桥，始建于 1969 年，桥长 493.5 米，宽 9 米，T 形梁

▲ 京福公路西琉城大桥，29 孔，长 840.8 米，宽 18.5 米，最大跨径 18.5 米，1969 年建成

▲ 西琉城大桥

▲ 京津公路引河桥，长 459 米，宽 17.5 米，1969 年建成

▶ 第一座公路钢筋混凝土桁架拱桥大张庄桥，长472.5米，建于1971年

▲ 始建于1971年的津榆公路东堤头大桥。1988年改建为T形梁及预应力箱形梁桥，长489.9米，最大跨径100米

▲ 1988年改建后的东堤头大桥

▲ 建于 1972 年的津围公路青龙湾双曲拱桥，桥长 268.5 米

▲ 建于 1972 年的京塘国道杨村拱桁架桥

▲ 改造后的津围公路青龙湾桥

◀ 建于 1975 年的当杨公路当城桥，桥长 124.6 米，全宽 7.8 米，上部结构为拱桁架

▶ 建于 1969 年的第一座公路地道——隐贤村地道

▲ 京宁公路小营立交地道

▲ 津榆公路大毕庄地道

3. 积极投入抗震救灾，迅速恢复道路交通

1976 年唐山大地震后，天津市区部分道桥受到损坏，市政干部职工迅速投入到抢修市政道路和公路的最前线，当天即清理市区道路一百多条，经过连夜奋战，震后十天市区 62 条主要交通干线全部恢复通行。公路受损严重，26 座桥梁遭到破坏，津榆公路芦台蓟运河大桥坍塌，天津与唐山之间的交通受到阻断。为迅速打通抗震救灾通道，天津市政工程局市管处干部职工迅速赶往芦台蓟运河大桥现场，冒雨连夜抢修引桥和引路，配合人民解放军架设舟桥，震后转天即建成通车；天津市政一公司组成桥梁抢险大队，经过 12 小时鏖战，在蓟运河上又架起了一座装配式战备钢桥，使上下行车辆各走一桥。天津市政三公司将津榆公路老安淀大桥上部结构抢修复位，市政一公司对津围公路九王庄木桥进行加固补强，保证了前往唐山灾区的救灾车辆通行无阻，为抗震救灾赢得了宝贵时间。截至 1979 年年底，震损的 20 余座公路桥梁全部重建完成。

▲▲▲ 唐山大地震震损的公路桥梁

▲ 垮塌的宁河大桥

▲ 震损的芦台蓟运河大桥

▲ 市政公路职工抢修震损芦台蓟运河大桥

THE
SEVENTH
CHAPTER

第七章

城市排水设施建设及防洪

TIANJIN MUNICIPAL

MEMORY

天 津 市 政 记 忆

一、1949—1957 年

天津解放后，市委、市政府对城市环境卫生给予高度关注。1949 年 9 月，黄敬市长在天津市人民代表大会上指出:“在天津都市建设中，下水道的装设，是一个最迫切的工程”。这一时期市区排水建设的重点是治理影响人民健康最严重的臭河臭坑，改善市区环境卫生和老百姓居住条件，同时开展下水道建设，改变解放前排水设施集中在旧租界区的不平衡状况。

1. 治理“四大害”，人民群众拍手称快

天津解放后，人民群众最迫切的愿望，是尽快消除臭河臭坑，改善居住环境。市区原有赤龙河、南开蓄水池、墙子河、

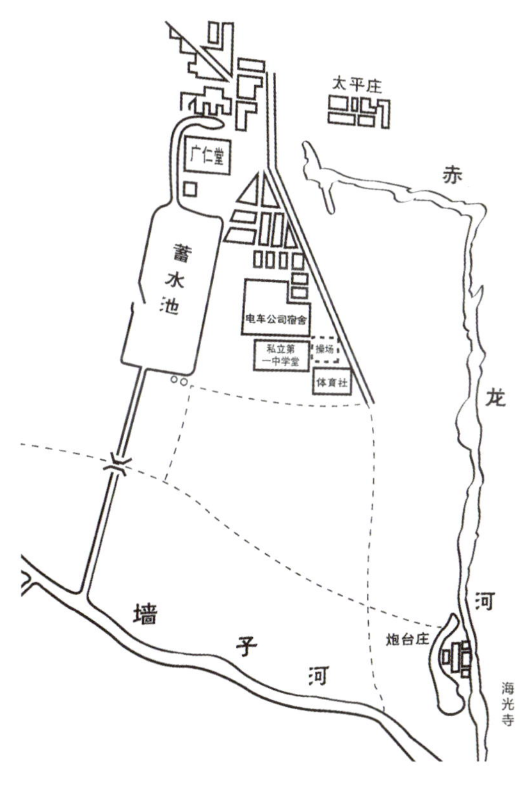

▲ 蓄水池、赤龙河和墙子河位置示意图

金钟河 4 处臭河臭坑，对人民生活和健康危害最大，人们称之为“四大害”。

赤龙河是南开区北部一条臭水沟，东临南门外大街，位置在今南开一纬路以南，长约 1 公里。沿河附近面积约 440 万平方米的雨污水均排入这条盲肠小河，污水沉淀，垃圾腐化，臭气熏天。南开蓄水池，又叫四方坑，占地 130 多亩，深达 5 米，是天津解放前市内最大的臭水坑，城厢和旧城西南面积约 230 万平方米的雨污水都排到这里，坑内污水无出路，蚊蝇肆虐，周围都是劳动人民居住区。墙子河，过去是英、法、德、日等租界下水道的排泄河道，两岸排水出口达 100 多个，每天有大量污水排入河内，日久天长成为臭河。金钟河最初有宣泄洪水的作用，后来两岸居民增多，往河中倒垃圾，工厂污水也排入河内，形成一条臭河。

▲ 墙子河（今南京路）旧貌（一）

▲ 墙子河（今南京路）旧貌（二）

▲ 南开蓄水池旧貌（一）

▲ 南开蓄水池旧貌（二）

▲▲ 金钟河旧貌

1950年2月，天津市卫生工程局拟定了改造“四大害”工程计划。1950—1956年，实施了赤龙河、南开蓄水池、墙子河和金钟河“四大害”治理改造工程，以及卫津河、废墙子河下水道工程。1950年，在南门外大街修建了解放后第一条马蹄形钢筋混凝土排水大干管（最大高1.55米、宽2.8米）、第一座抽水站（赤龙河泵站），填平了赤龙河，建成了马路（今服装街），建起了市政礼堂（杨家大桥礼堂）；1951年，在南开五马路修建了一条高1.8米、宽2.4米的马蹄形钢筋混凝土排水干管，填平了蓄水池，在上面建起了南开公园；1953—1954年，在墙子河沿岸修建了最大管径1.5米的截流管，将污水截流排除，并彻底疏浚河道，使河水变清，并在沿河两岸栽种了大量的翠柳、梧桐和山桃，成为附近居民晨练、乘凉、休憩之地；1953年，修建金钟河系统排水工程，填平河床，铺设排水干管7.6公里，在旧河床上建成了金钟河大街和批发菜市场，这项工程使北至中山路、东至城防河、西至海河，约10平方公里范围内的雨水、污水排泄问题得到解决，受益人口达50多万。1955年，修建了卫津河污水干管，长7公里，最大管径1.4米；1956年修建了废墙子河污水干管，长17.6公里，改善了沿岸环境卫生。

1950年改造赤龙河

◀ 填平赤龙河后建起市政礼堂

▶ 填平赤龙河后建起儿童乐园

▶ 填平蓄水池后建成南开公园

▲ 1953 年改造墙子河（今南京路）

▲▲ 改造金钟河（今金钟河大街）

▲▲ 1953 年金钟河改造工程

▲ 修建金钟河下水道

▲ 用溜子溜灰

◀ 北干沟下管

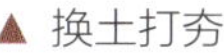

▲ 换土打夯

▲ 抹管箍

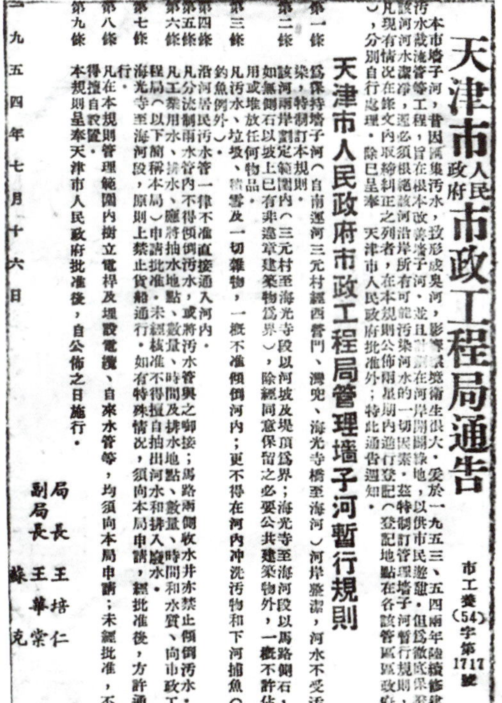

天津市人民政府市政工程局通告

市工委（54）字第1717號

本市墻子河，昔因匯集污水，致形成臭河，影響環境衛生很大，爰於一九五三、五四兩年陸續修建污水截流管等工程，旨在根本改善墻子河，並且計劃在河岸開闢綠地，以供市民遊憩。但爲徹底保證該河河水潔淨，還必須根絕該河沿岸所有可能污染河水的一切因素。茲特制訂管理墻子河暫行規則，嚴凡現有情況在條文內取締糾正之列者，在本規則公佈兩星期內進行登記（登記地點在各該管區區政府），分別自行處理。除已呈奉天津市人民政府批准外；特此通告週知。

天津市人民政府市政工程局管理墻子河暫行規則

第一條 爲保持墻子河（自南運河三元村經西營門、灣兜、海光寺橋至海河）河岸整潔，河水不受污染，特制訂本規則。

第二條 該河兩岸劃定範圍內（三元村至海光寺段以河坡及堤頂爲界；海光寺至海河段以馬路側石，如無側石以坡上已有非違章建築物爲界），除經同意保留之必要公共建築物外，一概不許佔用或堆放任何物品。

第三條 凡污水、垃圾、積雪及一切雜物，一概不准傾倒河內；更不得在河內冲洗污物和下河捕魚（釣魚例外）。

第四條 沿河居民污水管一律不准直接通入河內。

第五條 凡分流制雨水管內不得傾倒污水，或將污水管與之聯接；馬路兩側收水井亦禁止傾倒污水。

第六條 凡工業用水、排水應將抽水地點、數量、時間及排水地點、數量、時間和水質，向市政工程局（以下簡稱本局）申請批准。未經核准，不得擅自抽出河水和排入廢水。

第七條 海光寺至海河段，原則上禁止貨船通行。如有特殊情況，須向本局申請，經批准後，方許通行。

第八條 凡在本規則管理範圍內樹立電桿及埋設電纜、自來水管等，均須向本局申請；未經批准，不得擅自設置。

第九條 本規則呈奉天津市人民政府批准後，自公佈之日施行。

局長 王培仁
副局長 王華棠 蘇克

一九五四年七月十六日

▲ 管理墻子河法规

▲ 改造后的墙子河边

短評

天津市人民的喜事

今天，本報發表了本市一九五三年的市政建設計劃，這是和全市人民的工作和生活密切相關，因而是每一個人都十分關心的事情。

人民政府在市政建設方面的方針，一直是「爲生產服務」「爲勞動人民服務」的。全市人民清楚地了解：四年來，根據這個方針，我們天津市的市政建設已經有了多麼巨大的成就。現在，當祖國開始進入大規模建設時期的第一年，我們又興奮地看到：爲了適應今後政治、經濟和文化發展的需要，我們將進一步地來改造和建設我們的天津，把她逐步建設成一個經濟繁榮和文化發達的，又衛生又美麗的城市。

今年，我們不僅要修築、翻修和擴建許多交通運輸要道，以進一步便利城鄉物資交流，促進工商業的更加發展和繁榮；不僅要修建工人新村的道路和下水道，以改善廣大工人及其家屬的生活環境；同時，我們還要繼赤龍河、南開蓄水池下水道工程之後，開始進行消滅金鐘河和改造牆子河兩大工程。這四條臭河，是多少年來天津環境衛生中的嚴重問題，在敵偽及國民黨反動統治時期，是根本不會也不可能解決的；只有共產黨和人民政府才有決心有魄力進行這樣大的建設工程。完全可以想見：當金鐘河填平了的時候，當牆子河的一溝臭水變成清潔的、並且在兩岸種了花、植了樹，成爲市民遊憩之處的時候，我們天津市的環境衛生將會有多麼大的改善，對全市人民的身心健康又將會有多麼大的增益。

看到這個計劃，不用說，全市人民都是高興的。但是，我們不要忘記：偉大的抗美援朝鬥爭還在進行，國家大規模的建設方在開始，而沒有抗美援朝的勝利，沒有國家各方面建設事業的成功，我們要很好地進行市政建設是不可能的。因此，要想完成今年的市政建設計劃，把我們天津市建設得越來越美好，使每個人的生活越過越幸福，我們首先必須進一步加強抗美援朝的鬥爭，並百倍努力於祖國的經濟建設。如果只滿足於天津市一個地方的建設，只注意自己生活環境條件的改善，那是不對的。同樣的，由於我們還必須大大加強國防力量和從事很多重要的建設，必須把錢花到最需要的地方，在市政建設上也就必須限於有重點地解決迫切需要解決的問題，不能分散使用國家的資金。誰要是不注意這一點，想着一下子百廢俱興，甚麼問題都要解決，那也是不對的。

同時，我們也應當瞭解：要完成今年這樣大的市政建設工程，任務是艱巨的。這不僅僅是市政建設部門的責任，也和全市人民有著密切的關係，全市人民應當積極支援市政建設。譬如，有時爲了某些工程的進行，不可避免地要拆掉一些房屋。遇到這種情形，有關的市民就應當從整體利益出發，協助政府做好這個工作；政府也一定會給他們以適當的照顧。在我們全市人民的關心、支持和協助之下，我們天津市的市政建設任務一定會順利地完成。

金鐘河的變遷

——人民的意願成爲生動的現實

過去金鐘河上游和海河匯合的一段，如今已經鋪成了石子路。這條馬路還要不斷伸長，這裏的新建築物也會不斷出現，誰能想到，金鐘河兩岸以後會變得多麼繁榮呢！兩三年前，這裏還是一條臭河，當時沿河的大悲莊的村民、國營天津紡織機械廠的職工、錦衣衛橋街的居民們曾經把「修治金鐘河」做爲提案提到天津市各界人民代表會議上。今天他們看到自己的提案已經變成生動的現實了，他們是怎樣的歡欣愉快啊！

幾十年，緊居在金鐘河這條臭溝兩岸的勞動人民，一直受着它的騷擾。河裏的污水成年散發着臭氣；入夏多雨，平了槽的河水就流到胡同裏、院子裏，給沿河居民添上許多苦；在炎熱天，從金鐘河孳生的蒼蠅、蚊子，給他們帶來傳染病。沿河居民不甘忍受這種痛苦，也曾一次一次地向當時的反動政府要求修治金鐘河，可是國民黨反動派只管斂捐徵稅，他們是不會管這種事情的。

解放以後，金鐘河兩岸的人民受到了黨和人民政府的關懷。一九五一年，市政建設部門就派出工程技術人員，開始修治金鐘河市內段的測繪設計工作。在修治金鐘河以前的兩三年裏，政府發動群衆修整了河坡，試著用抽水機引海河水沖洗河槽，夏天，沿河居民們在兩岸撒石灰，清除雜草，打殺孑孓和蛆。這樣，他們被扼殺了的願望又萌了芽，他們開始給自己的政府寫信，在各界人民代表會議上提出「修治金鐘河」的提案。人民政府在一九五三年春，就開始履行人民的這一提案——八里多長的金鐘河工程開工了。

爲什麼人民的提案能產生這麼大的效果呢？在憲法草案公佈以後的日子裏，金鐘河兩岸的居民對這一點有了更深的體會：這就是人民是國家的主人了，人民政府專爲人民辦好事。

沿河錦衣衛橋街有條胡同，過去叫「焦家花園」，現在叫「解放新里」。過去焦家花園有面大墻，墻那邊是一所大宅院，墻這邊是一片東倒西歪的破土房。兩年前向這裏居民徵求過修治金鐘河意見的韓秀芬，過去是住在這裏破土房的一個「[illegible]窮」的女人，現在是街上的婦女代表委員會的委員，婦女鐵桿生產組的組長。她說起來總是滔滔不絕：「那時，我們在黃土堆裏過日子，雨天房子漏得嘩嘩的，就入睡，晴天焦家就來催房租。這裏孩子很稀罕，有的生下來就抽四六風病死。這裏大人受糟蹋，出去抬不起頭。過去人們說：『焦家大墻太高了，壓着咱們大夥。』解放了，人民政府清算了反革命分子焦善泉，沒收了這一片破土房，在這裏重新蓋起了一百多間新房子，焦家花園變成了解放新里。我總想：過去作夢也想不到的，現在都有了，過去我們這句話也不敢吭，現在我們可以向政府提意見了。爲什麼呢？因爲人民政府是保護我們勞動人民利益的，是按人民的意見辦事的。這個時代，國家的權力掌握在人民手裏啦！」

去年，當金鐘河工程動工以後，國營天津紡織機械廠的工人又提出了不少新的提案，要求在自己的工廠門口修下水管、修馬路，他們把自己的意見提給天津市勞動模範、三區人民代表大會代表、廠裏的老鉗工陳鳳和。事隔半年，如今走出工廠不遠就是寬闊的馬路，公共汽車通到了王串場工人新村，通到工廠門口。假日，工人們坐上公共汽車，一直就開到市中心。工廠門口的下水管工程也快要完工了。有的工人見了陳鳳和，迎面就叫：「老陳，咱們的提案真管事！」陳鳳和該怎麼回答好呢？他跟許多工人說過，自己要把這句話記在心裏：「人民的國家就是這麼可愛呀，爲了把她建設得更好，把一切力量獻出來吧！」

（玉河）

◀▲《天津日报》消灭“四大害”短评和金钟河改造通讯

▲ 修建西南楼新村排水设施

▶ 修筑万德庄下水道

◀ 改造后的墙子河边

2. 消灭排水空白区，提高排水管道普及率

这一时期在排水设施空白区共新建排水管道 400 多条，总长 170 公里；配合王串场等 7 个工人新村和尖山居住区，修建配套排水管道 58 公里；填垫大小臭水坑几百个；新建了一批泵站，解决了部分地区的雨季严重积水问题。截至 1957 年年底，天津市区实有下水道 536.8 公里，为解放前原有下水道总长的 2.26 倍；实有泵站 32 座，比解放前增加 19 座；排水能力 48.46 立方米 / 秒，为解放前的 4 倍。

天津市下水道概況說明

解放前天津市下水道的情况：

★ 解放三年来的伟大成就概略说明 ★

—1—

▲ 天津市政工程局印制的排水宣传画册

3. 新建完善市区防洪设施

这一时期，彻底疏浚新开河，恢复行洪能力；全面修复西南大围堤；重要行洪河道补修木护岸，砖石砌坡；修建海河东岸护岸；重新开挖独流减河。上述防洪工程，在1954年洪水中发挥了重要作用。1955—1957年，实施三年防汛工程计划：在市区海河及支流的重要地段，修建永久性钢筋混凝土护岸和半永久性护岸；将天津市防洪第一道防线——独流减河左堤和子牙河右堤继续加固。

▲ 子牙河与南运河交汇处立式护岸（今引滦纪念碑处）

▲ 海河立式护岸（一）

▶ 海河立式护岸（二）

▶ 北运河坡式护岸

◀ 海河坡式护岸

二、1958—1965 年

1. 海河干流改造工程

海河干流全长 72 公里，不仅是排洪河道，也是供水河道。天津市除近郊百万亩农田靠海河灌溉外，城市生活用水和工业用水都从海河干流及其支流取水。海河干流还是潮汐河道，每天两次涨潮，如果上游来水不足时，海水就上溯河内，河水就变咸，同时稻田洗碱的咸水也都灌入河内，形成“咸淡不分”。海河两岸有 674 个（市区 550 个）下水道污水出口，城市生活污水和工业废水一直是排入海河，致使“清浊混流”。在国务院支持下，1958 年，天津市政府动员全市人民实施了规模巨大的海河干流改造工程，至 1962 年完成。工程主要有三大任务：

一是海河建闸工程。在海河口左岸挖一条引河，在引河上建防潮闸 1 座，靠闸修拦河坝 1 座，将原河道拦住，使河水改走防潮闸，防止海潮上溯和淡水流失。防潮闸长 188 米、宽 64 米、高 18.5 米，设有 9 个闸墩、8 个闸孔、16 扇平板式钢闸门，泄洪能力设计流量为 1200 立方米 / 秒。闸两端为具有民族风格的 4 层建筑，室内装有 16 台电动启闭闸控制系统。上述工程于 1958 年年底全部竣工放水。

二是改建排污工程。将向海河排放污水的下水道全部进行改造，使市区形成五大系统，归纳到赵沽里、张贵庄、双林、纪庄子、咸阳路五大泵站的出水口，与农田沥水一道，经新挖的南、北两条排污河泄入渤海，以实现海河水“清浊分流”。该工程共新建下水道 125 条，总长 202 公里，其中大型马蹄管 32 公里，新建抽水站 20 座，1958 年年底基本建成，通水使用；1959 年又建成北仓排水系统，污水排入永定新河。截至 1962 年年底，市区排水管网形成六大排水系统。

三是在海河两侧各挖一条郊区排水河，北排污河（北塘排污河）和南排污河（大沽排污河）。北塘排污河接纳海河以东、以北的赵沽里、张贵庄两个泵站的污水，从东局子起，穿越东西减河，经山岭子东，通过金钟河入海，全长 27 公里，排水能力达到 13 立方米 / 秒；大沽排污河接纳海河以西和以南的咸阳路、纪庄子、双林 3 个泵站的污水，穿越马厂减河，到大沽入海，全长 71.2 公里，排水能力达到 9 立方米 / 秒。两条排污河共配套修建桥、涵、闸、扬水站等构筑物 200 余座，于 1959 年 3 月开工，1960 年完成（其中北塘排污河自山岭子到永和闸段 1962 年完成）。两大排污河完工后，市区污水和农田咸水、沥水的最后出路也得到了统一解决。

海河改造工程完工后，改变了长期存在的“咸淡不分”和“清浊混流”现象，初步实现了“清浊分流，咸淡分家”，使海河成为清水河、蓄水河，蓄水库容 0.92 亿立方米，兴利库容 0.48 亿立方米，在保证城市生产生活用水、调配海河南北水源中发挥了重要作用。

▲ 截至 1957 年年底，向海河市区段排放污水的下水道出口有 550 个，造成清水浊水混流

▲ 天津的母亲河——海河

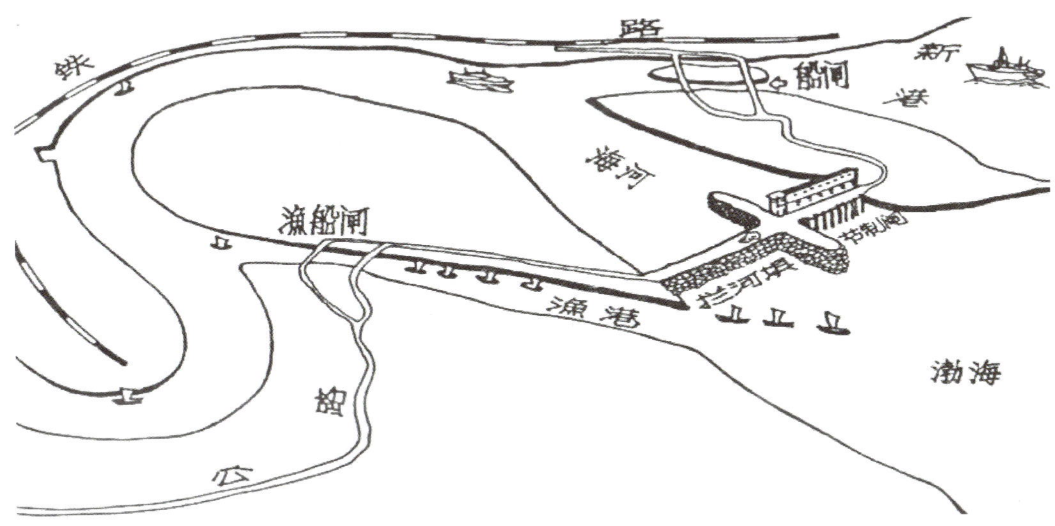

▲ 海河节制闸工程示意图

▲ 海河改造工程施工场面

▲ 海河改造工程义务劳动大军

▲ 拦河坝合龙

▲ 建海河防潮闸

▶ 海河建闸施工

▲▼ 海河防潮闸（节制闸）

▼ 海河改造后的市区中心广场段

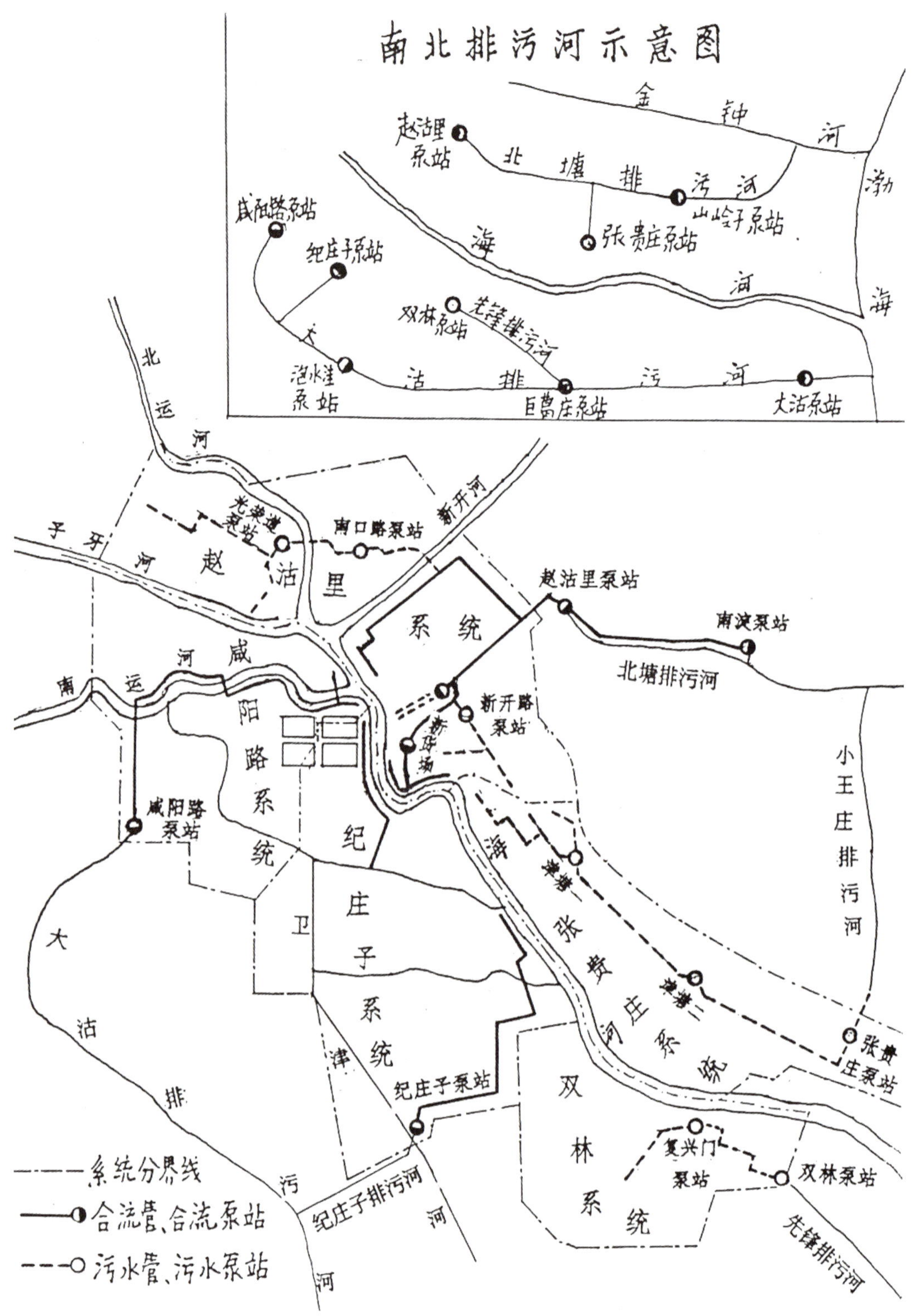

▲ 1958年污水改建工程示意图

▶ 污水改造工程砌筑马蹄管侧墙

▶ 市政工人正在绑扎下水道基座钢筋

▶ 污水改建工程需新建泵站 20 座，图为纪庄子泵站施工情形

▲ 市政工人在砌筑马蹄管砖拱

▲ 污水改建工程中铺设的最大的马蹄管管道，高 2.9 米，底宽 3 米，中型吉普可自由行驶。这是马蹄管内部情形

2. 市区形成六大排水系统

污水改建工程中修建了南、北两大排污河，引导城市污水入海。在改造市区下水道的同时，为解决赵沽里、张贵庄、咸阳路、纪庄子和双林 5 个总出水口污水的出路和郊区几十万亩水稻的排咸问题，进行了近郊农田灌溉系统的改建，在海河南北两侧郊区各开挖了一条通入渤海的排水河道，即南、北排污河。

▲ 建于 1959 年的大沽排污河（南排污河）

▲ 建于 1959—1962 年的北塘排污河（北排污河）

污水改建工程是海河改造工程的重要组成部分。铺设管道长度为 202 公里，相当于十九世纪八九十年代修建下水道的总和。污水改建工程的完成，不仅改变了历史上长期没有解决的海河清水和污水浊流问题，而且还把历史上长期形成的分散、杂乱的旧排水系统，大规模、高速度地改造为能适应城市发展，有利于保护环境和便于管理的污水排放系统，为人民做了一件具有历史意义的好事。

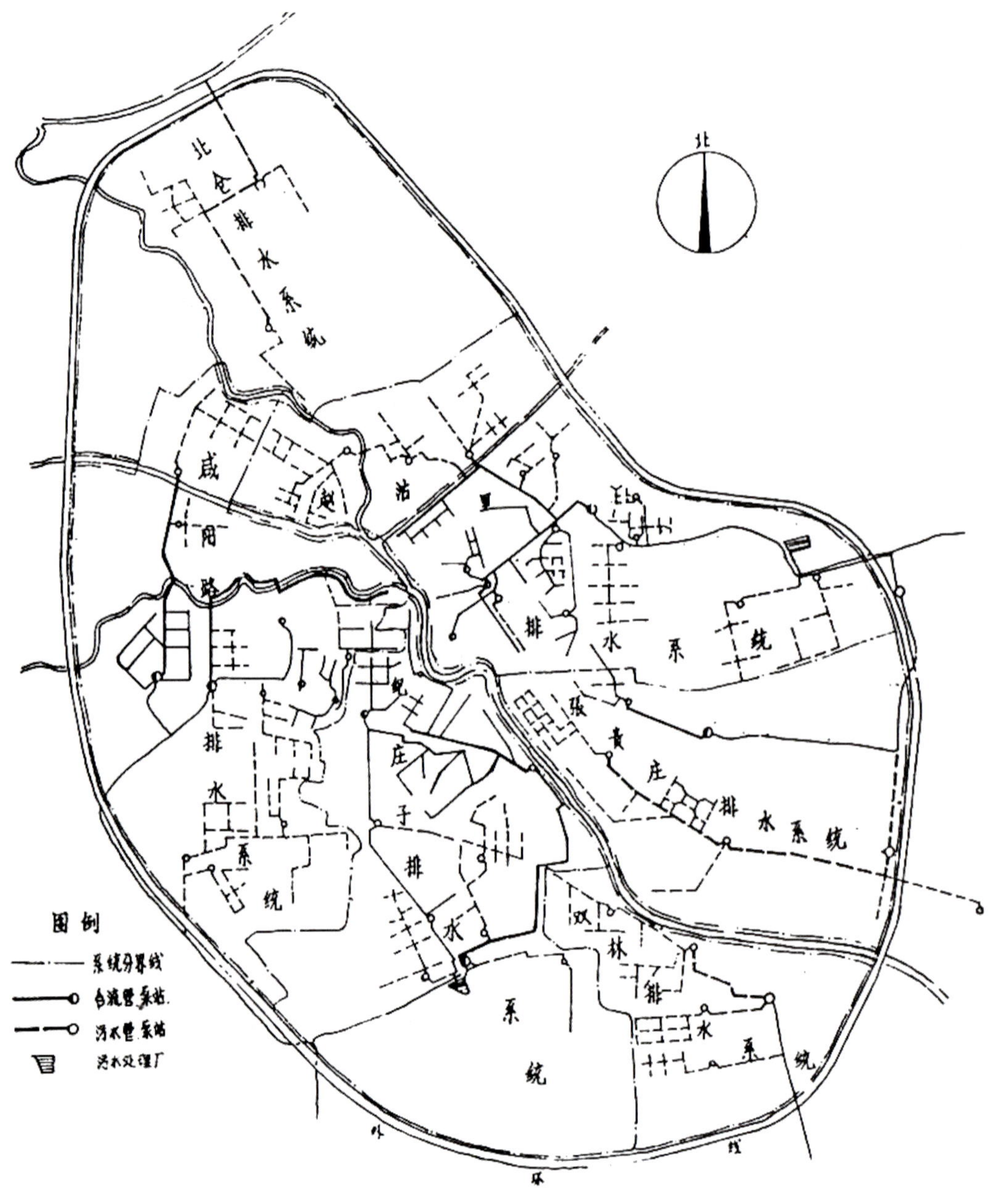

▲ 天津市区六大排水系统示意图

市区 6 大排水系统包括：

咸阳路系统。由密云路、咸阳路、南开五马路、四马路、复康路 5 座泵站组成，负担包括南开区和红桥区排污，其中一部分为雨、污分流制管道，雨、污合流制出路。

纪庄子系统。由纪庄子、卫二、李七庄泵站组成，包括和平区、南开区炮台庄、万德庄、天津大学、南开大学一带以及河西区废墙子河、卫津河一带，大部分为雨、污合流制。

双林系统。由双林泵站和灰堆造纸总厂出水干管组成，包括河西区的尖山、土城、陈塘庄和灰堆柳林一带，为雨、污分流制。

以上 3 个系统均排入大沽排污河，经过咸阳路泵站至东大沽入渤海，全长 72.1 公里，河道排水能力 24.7 立方米 / 秒，泵站为 19 立方米 / 秒。

张贵庄系统。由张贵庄和南大桥泵站组成，包括河东区和唐口仓库区、东南郊工业区，为雨、污分流制。

赵沽里系统。由赵沽里和民权门泵站组成，包括河北区和红桥区丁字沽以及河东区地道外，大部分为合流制。

以上两个系统均排入北塘排污河，经过山岭子泵站至永和闸入渤海，全长 32.7 公里，河道排水能力 81 立方米 / 秒，泵站为 54 立方米 / 秒。

北仓系统。由北仓泵站组成。包括北仓工业区、南仓一带和铁东路工业区，为雨、污分流制，排入永定新河。永定新河全长 62 公里，河道排水能力 1400 立方米 / 秒，泵站为 1.14 立方米 / 秒。

市区雨水排水主要包括：

一是主要依靠 6 条一级河道及陈台子排水河，排放市内雨水。6 条一级河道共设有雨水泵站 11 座，合流泵站 5 座，雨水闸门和合流闸门各 30 处，海河有雨水出水口 7 处。

二是利用二级河道。海河以西有两路：一路由海光寺起，经卫津河、废墙子河至四新桥泵站入海河；另一路由三元村起，经墙子河、红旗河、复康河、卫津河、南围堤河至复兴门闸入海河。海河以东地区，由民权门起经东城防河、程林庄明沟、万新庄闸、月牙河至吴家嘴入海河。

三是利用水坑对附近地区起雨季排水作用，如祥发大坑、东下洼、中山门、护仓河、西湖村、水上公园、尖山公园等。

四是利用大沽排污河、北塘排污河、永定新河排除中小雨，总排水能力 24.8 立方米 / 秒。

五是根据需要设立临时泵站排水。当海河金汤桥水位超过 3.5 米的大沽水平时，设立临时泵站排水。

3. 排水补缺配套工程

20 世纪 60 年代以后，随着天津市区面积不断扩大，工农业生产不断发展以及人口大幅度增长，市区污水量也有较大幅度增长，已经大大超过了 1958 年海河改造工程的设计能力，大部分污水泵站抽水能力不足，两大排污河的容量达到饱和，只好限量排放。加上排水建设跟不上城市发展，不少地区排水设施仍不健全，欠账较多，致使一些地区雨后积水比较严重。为此，从 1963 年开始，以解决雨后积水为重点，集中成片地在居民区和工业区补缺排水配套工程，完善城市排水系统。1963—1965 年，先后完成了南市荣业大街、慎益大街、王串场新村、河北大街、大直沽、平山道、佟楼等区域排水管道的翻修和扩建工程；完成了南郊、西营门外、白庙、北仓等工业区的排水设施扩建工程。同时，改造了民权门雨水泵站，新建太湖路雨水泵站，扩建了南仓雨水泵站。三年内共填补雨水设施空白 16.59 平方公里，增建排水管道 100 多公里，使一部分居住区和工业区雨后积水问题得到解决。

▲ 复兴门泵站出口

▲ 双林泵站出口

三、1966—1977 年

1966—1977 年，天津市年平均新增下水道仅 8.2 公里，排水设施建设主要是填空补缺，并疏挖排水河道，使之与不断增长的市区排水量相适应。

1. 继续实施填空补缺排水设施

1966 年，在何兴村气象台路一带新建下水道 7.1 公里、雨水泵站 2 座；1969 年，在程林庄工业区修建污水管道 5 公里和雨水明沟及泵站，将这一带的雨污水排入北塘排污河；1970 年，配合墙子河改建地铁工程，在河两岸修建排水干管 8.9 公里，其中大型方涵 6.4 公里。新建上海道和太原道两座泵站，将污水引入纪庄子泵站，取代墙子河的排水功能；1972 年，新建咸阳路以西下水道 8.7 公里和一座泵站，修建王串场下水道 7.7 公里，疏浚了月牙河，新建红星桥雨水泵站，使这些区域雨后积水得到解决；1973 年，因王串场南 28 公顷的祥发大坑被填垫，附近雨水无出路，故在化工路、卫国道、红星路等处修建大型管道 4.7 公里，最大管径 1.96 米，平时将雨污水排入北塘排污河，汛期将雨水排入新开河。

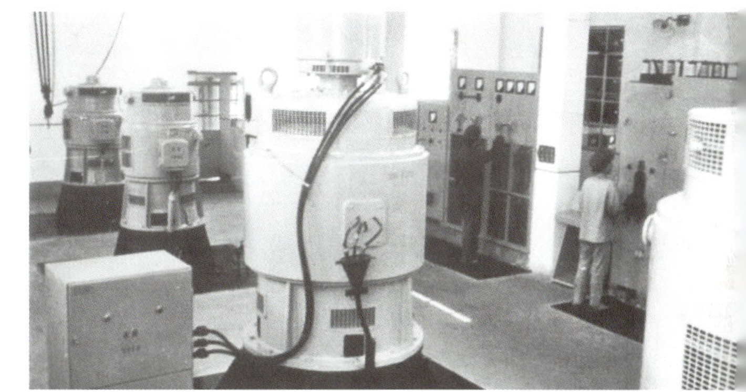
▲ 民权门排水泵站泵房

▲ 纪庄子泵站出口

2. 重点疏浚、开挖多条河道，提高市区防汛能力

1967 年开挖了子牙新河；1971—1972 年，开挖了永定新河；1972—1973 年，开挖了陈台子排水河，为市区西部地区增加一条排水渠道，承担了一部分南排污河的压力，河道全长 17.14 公里，底宽 8 ~ 25 米，最下游过水能力 38 立方米 / 秒，1977 年建成陈台子泵站，排水能力 32 立方米 / 秒，收水面积 930 公顷，可做排灌两用，平时污水、雨水仍排入南排污河，大汛时将雨水及农田沥水通过陈台子排污河排入独流减河。1975 年，由市政工程局和水利局组成治理排污河工程指挥部，于 1976 年加宽、加深、新挖北塘排污河 32.7 公里，并扩建了山岭子泵站，使其排水能力增至 44 立方米 / 秒，赵沽里泵站不再限量排水，东局子一带雨后不再淹泡。

山岭子泵站泵房

山岭子泵站

◀ 1977 年建成的陈台子泵站

◀ 陈台子泵站泵房

▲ 1976 年改造后的北塘排污河

▲ 配合老地铁施工南京路排水工程

THE
EIGHTH
CHAPTER

第八章
园林绿化建设

TIANJIN MUNICIPAL

MEMORY

天 津 市 政 记 忆

一、1949—1957 年

天津解放后，为加强园林绿化工作，成立了天津市市政工程局园林广场处，恢复整治了残存的 7 处公园，先后建成三大苗圃 357.7 公顷。1951 年组织市民和全市干部义务劳动，修建水上公园，清理恢复了李善人花园（人民公园），两园于 1951 年 7 月 1 日对外开放。1952 年垫平河东荒废农场建成第二工人文化宫，面积为 30.89 公顷。1953 年在塘沽建河滨公园。为了改善城市环境，填平了赤龙河和南开蓄水池，代之为赤龙河公园和南开公园，另外还修葺了中山公园，在中山门、王串场等 7 个工人新村规划建成小公园，市区主要道路种植了行道树木。

1. 解放后天津第一座大型公园——水上公园建成

1950 年 8 月 26 日破土动工，1951 年 7 月 1 日对外开放，当时面积为 51.88 公顷，后又有扩充。新中国成

▲ 水上公园竹亭

立前，这里是私人砖窑取土坑，坑洼相连，芦苇丛生，人称青龙潭。时任天津市长黄敬与全市干部群众参加义务劳动，市政工程局职工负责施工，首先修建北门外复康路，将原有羊肠小道加宽，筑成桃柳堤，挖湖平垫一、二、三岛岛面，修建了自然风趣的茅亭和丁字茅顶廊。公园开放后，修建工程继续向南发展，二、三岛间曲桥及中途岛花架、九岛土山相继建成。1952 年又建成具有江南特色的竹制景点，其中有北部 400 延米的长廊、枇杷岛上的重檐亭和东大门的楼厅。园中亭廊交错，掩映在苍郁翠绿之中，给人清新优雅之感。1956 年前后，又增添了登瀛楼、展览馆、游泳池、儿童列车等设施。

▲▲▼ 20 世纪 50 年代初建时的水上公园

2. 修葺改造人民公园

该园前身为津门豪富、大盐商李春城的荣园，建于清同治二年（1863年），俗称“李善人花园”或“李家花园”，是天津市现存唯一的一座清代私人园林。天津解放后，政府接受李氏后裔李岐美等人捐献，对荣园进行了全面规划，组织2000余人重整园容，挖湖浚河，平整地面，修复残存楼阁，种植花木，当时面积为12.13公顷。1951年7月1日正式开放。

▲ 初建时的人民公园

◀ 人民公园

3. 新建和恢复的公园

▶▶ 建于 1952 年的第二工人文化宫

▲ 胜利公园

▲ 中山公园

▲ 修葺后的中心公园

▲ 成都道绿化

二、1958—1965 年

1. 西沽公园

1958 年开始建设，1961 年建成。该园前身系清朝储存兵器之地，称作“武库”，1900 年被八国联军破坏后开辟为菜园，后又改为农场，解放初先为菜园，后改苗圃。占地面积 24 公顷，园内人工湖环绕中心岛，配有游廊、花架及三角凉亭、滨湖水榭、长廊等建筑。

▲ 西沽公园

2. 长虹公园

初名湾兜公园，原为 20 世纪初南运河裁弯后形成的一片湾兜状的低洼湿地。始建于 1958 年，征地约 46 公顷，但一直未能建成开放。1986 年，南开区集资恢复重建开放，更名长虹公园，占地 23.95 公顷，其中水域面积约占总面积的三分之一。现已打造为生态型城市公园。

▲ 长虹公园

3. 尖山公园

始建于1958年，1960年局部开放。原址为义兴窖地、浙江义地、山东义地及中华基督教会义地。公园大部分为水面，局部建有亭廊，栽植花木。1984年4月，将尖山公园改建为天津乐园——青少年儿童活动中心。

截至1965年年底，全市共有大小公园31处，占地461公顷，相当于解放初期的7倍；人均绿地1.31平方米，是解放初期的4.7倍。全市树木有168万株，相当于解放初期的84倍，绿化覆盖率达16%，为历史最好水平。

▲ 天津乐园（前身为尖山公园）

▲ 建于 20 世纪 50 年代的海河公园

▲ 改造后的宁园岛亭

▲ 职工们在宁园游园

三、1966—1977 年

1966—1977 年，天津市园林绿化遭到严重破坏，全市实际开放的公园仅 16 处，损坏的树木达 10 万株。

1972 年，水上公园开始进行园景的充实改造。到 1976 年，新修和改建了湖心岛亭、护岸及玉石雕栏、二岛环湖长廊、露天舞台、三岛假山、眺园亭、东大门和一岛芙蓉餐厅。经过几十年的建设，水上公园现已形成一座富有江南水乡风格的大型城市园林公园，总面积达到 199.8 公顷（其中水面积 89.7 公顷）。1990 年，水上公园被评为津门十景之一，命名为“龙潭浮翠”。

▲ 北宁公园

▲ 水上公园

▲ 1972 年解放北园

▶ 山西路上的儿童公园（现已不存）

THE

NINTH

CHAPTER

第九章

修建天津市第一条地铁

TIANJIN MUNICIPAL

MEMORY

天 津 市 政 记 忆

天津是我国第二个有地铁的城市，也是当时埋深最浅（埋深为 2 ~ 3 米）的地铁。1970 年 4 月 7 日，天津市墙子河改造工程（对外称“7047”工程）指挥部成立，由王培仁任总指挥。指挥部负责整个工程的组织、设计、施工、物资供应等工作，天津地铁工程建设自此开始。当时的指导思想是从战备需要出发，修建一条平战结合的地下铁路。地铁工程大体分为三个建设阶段完成。

第一阶段：1970 年 6 月 5 日破土动工，以海光寺至鞍山桥段为试验段，同时在墙子河两侧修建取代河道的排水方涵，到 1976 年 1 月 22 日先期建成 3.6 公里，开通了新华路、营口道、鞍山道及海光寺 4 个车站，实现第一次单线试运行。1976 年唐山大地震以后，地铁工程被列为缓建项目，一期工程暂停。1979—1980 年，又开工在原先 3.6 公里的基础上延伸了 1.6 公里，贯通了二纬路站和西南角站，并于 1980 年 1 月实行第二次试运行，当年底工程再次停建。

▲ 老地铁线路示意图

第二阶段：1982 年初，天津市政府决定将停建 7 年的地铁工程复工。1983 年开始第三次扩建，首先实施穿越津浦铁路的箱涵顶进工程，经过一年奋战，采用顶进法在 7 ~ 9 米的覆土下，将高 6 米、宽 9.1 米、长 116 米的钢筋混凝土矩形双跨框架箱涵，工作坑深 13 米，穿过津浦铁路 18 股轨道，完成地铁西站段工程。在这样长距离、大横截面条件下进行顶进工程，且不能影响火车运行，在国内还是首例。施工中采用了激光导向跟踪指示仪等 9 项科技成果，克服了距离长、覆土深、土质软等困难，顶进工程荣获国家科技进步三等奖和天津市科技成果一等奖。这次扩建开通了西北角站和西站站，全程达到了 7.4 公里。

第三阶段：1984 年 12 月 28 日，新华路至天津西站 7.4 公里地铁双线投入营业性试运营。全线设 8 个车站，高峰日载客量超过 4 万人次。车站除西站站为岛侧式混合站台外，其余均为侧式站台，长 64 米，宽 4.9 ~ 6.4 米。站台装修分别采用水磨石、大理石、铝合金等材料，既耐用又美观。除沿线车站外，在长江道设临时停车场，作为列车停放、调车、编组和检修场所。这段地铁的开通，改善了西站一带至市中心区的交通，缩短了西站旅客的集疏时间，便利了职工上下班，对缓解天津乘车难问题起到了一定作用。

地铁建设开工初期，施工设备、技术条件都比较差，完全靠人工操作，工地上没有风镐，施工人员硬是用钢钎加大锤，排除了工地上几千吨的障碍物。工程时间紧，任务重，挖掘机械不足，工程指挥部在全市范围内组织开展了全民动员义务修建地铁大会战，进行土方施工。1971 年地铁施工形成高潮，专业队伍投入 3500 人，参加义务劳动的群众多达 13000 人。当年修建通道 2225 米，排水工程基本完成，通水使用。

1975 年，天津地铁从北京地铁借拨 4 辆客车，客车经铁路陈塘庄支线运到天津拖拉机厂后，因为起吊困难，运输部门无法承运，地铁筹建处组织全体职工在红旗路和长江道上铺设临时铁轨，前拉后推，每铺 1 段铁轨就把客车向前推进 1 段，凭着愚公移山精神，用了 9 个昼夜时间，硬是把 4 辆客车运到了长江道临时车场。

1984 年 12 月，新华路至西站双线正式通车后，运营时间为早上 5:30 至晚上 10:30，票价为 0.11 元（本票）或 0.15 元（零票）。共有国产电动客车 6 组，每组两辆，每辆乘客定员 180 人，列车间隔为 11 ~ 15 分钟，全程行车时间 15 分钟。通车后前几年每年载客 500 万 ~ 600 万人次。

地铁的运营管理工作由天津市市政工程局地下铁路管理处负责，下设运营所、机务所、工务电务管理所及调度指挥中心。从 1984 年底试运营到 2001 年 10 月 9 日停运，老地铁运行 17 年，由于财政困难，地铁工程未能续建和发展，配套工程不完善，设备改造及大中修缺乏资金。在极其困难和艰苦的条件下，地铁管理处干部职工始终确保安全运营，从未发生过火灾、伤亡、毁车等重大事故，列车正点率达 98% 以上，创造了国内最困难条件下维持地铁运营的先例。

▲ 地铁工程进入施工高潮

▲ 地铁箱涵顶进施工

▲ 地铁通西站箱涵

▲ 地铁土方工程义务劳动

▲ 地铁西南角站

▲ 老地铁新华路站

▲ 老地铁海光寺停车场

◀◀ 地铁职工自铺轨道将列车从铁路线运至车场

◀ 地铁轨道维修

◀◀ 地铁车站和车厢内

▶ 老地铁客票

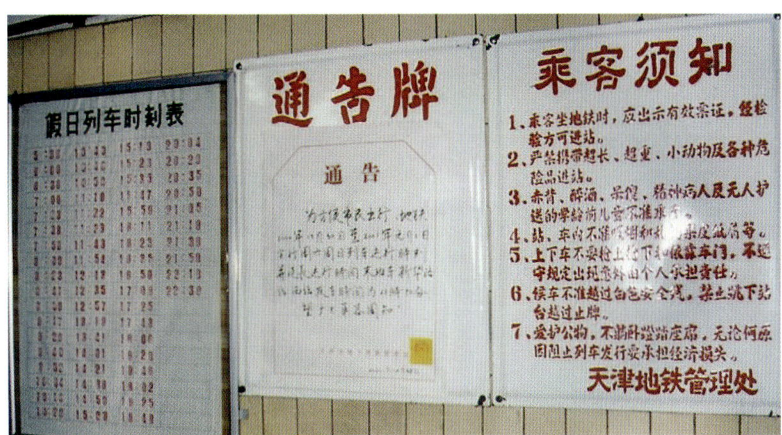

▶ 老地铁车站内告示牌

▲ 地铁管理处获国家城乡建设部表彰

▲ 老地铁停运前的车厢内部

跋

Postscript

天津解放以来市政公路建设的发展历史，正是天津市市政工程局从起步到成就辉煌走过的历程。市政公路干部职工为天津市市政基础设施和公路交通设施的建设发展做出了不可磨灭的贡献。遵照许多老同志的意愿，为了铭记历史、激励后人，我们以天津近代以来城市基础设施的发展历程为主线，以展示改革开放以来市政公路建设所取得的辉煌成就为重点，广泛搜集大量文字图片等档案资料，并采访了部分老同志，精心撰写，并摘选了1200余张图片，编撰了《天津市政记忆》这套书。

本丛书第一册《近代天津的城市基础设施》反映的是自1860年天津近代史的开端到1949年天津解放这段时期天津基础设施的历史演变过程；第二册《1949—1977年天津市政公路建设》展示的是自1949年天津解放至改革开放之前的1977年这段时期的天津市市政公路建设发展历程；第三册《1978—2014年天津市政公路建设》浓笔重墨地展示了1978年改革开放以来到2014年天津市政公路建设取得的辉煌成就；第四册《1949—2014年天津市政公路养护管理》反映的是天津解放以来市工务局、市建设局、市政工程局、市政公路管理局不断加强设施管理，提升设施服务水平，完善路网系统，增强城市载体功能，打造美丽天津所做的工作。这套丛书力求图文并茂、资料翔实、简明扼要，可作为了解天津近代百年特别是改革开放以来市政公路设施发展历程的参考书和资料书。

在本丛书策划编写过程中，广泛参考了各种相关出版物和多方面的研究成果，恕不一一详列，在此一并致谢。由于一些重点工程编者未能直接参与，加之编写水平和其他条件有限，故难免有疏漏不当之处，敬请批评指正。

编 者

2016 年 6 月